人文社科
高校学术研究论著丛刊

曲静敏 著

呵护成长——
学前儿童心理健康教育研究

中国书籍出版社
China Book Press

图书在版编目(CIP)数据

呵护成长：学前儿童心理健康教育研究 / 曲静敏著. —
北京：中国书籍出版社，2019.11
ISBN 978-7-5068-7556-1

Ⅰ. ①呵⋯ Ⅱ. ①曲⋯ Ⅲ. ①学前儿童－心理健康－
健康教育－研究 Ⅳ. ①B844.12

中国版本图书馆 CIP 数据核字（2019）第 276239 号

呵护成长——学前儿童心理健康教育研究

曲静敏　著

丛书策划	谭　鹏　武　斌
责任编辑	李　新
责任印制	孙马飞　马　芝
封面设计	东方美迪
出版发行	中国书籍出版社
地　　址	北京市丰台区三路居路 97 号（邮编：100073）
电　　话	(010)52257143（总编室）　(010)52257140（发行部）
电子邮箱	eo@chinabp.com.cn
经　　销	全国新华书店
印　　刷	三河市铭浩彩色印装有限公司
开　　本	710 毫米×1000 毫米　1/16
印　　张	15.75
字　　数	204 千字
版　　次	2020 年 7 月第 1 版　2020 年 7 月第 1 次印刷
书　　号	ISBN 978-7-5068-7556-1
定　　价	76.00 元

版权所有　翻印必究

目 录

第一章 基础认知：学前儿童心理健康概述 …………… 1
　第一节　学前儿童心理发展的特征 ………………………… 1
　第二节　学前儿童心理健康的内涵 ………………………… 14
　第三节　学前儿童心理健康的标准与影响因素 …………… 16
　第四节　学前儿童心理健康教育的内涵 …………………… 25

第二章 认识发展：学前儿童的认知教育 ………………… 36
　第一节　记忆与学前儿童的心理健康 ……………………… 36
　第二节　感知觉与学前儿童的心理健康 …………………… 51
　第三节　注意与学前儿童的心理健康 ……………………… 62

第三章 心态培养：学前儿童的情绪、情感教育 ………… 70
　第一节　情绪、情感的内涵 ………………………………… 70
　第二节　学前儿童情绪、情感的发展 ……………………… 81
　第三节　学前儿童积极情绪、情感的培养 ………………… 93

第四章 适应社会：学前儿童的社会性教育 ……………… 105
　第一节　学前儿童社会性的内涵 …………………………… 105
　第二节　学前儿童人际关系的发展 ………………………… 119
　第三节　学前儿童社会性行为的发展 ……………………… 145
　第四节　学前儿童的道德发展 ……………………………… 152

第五章 锻炼意志：学前儿童的意志教育 ………………… 157
　第一节　意志的内涵 ………………………………………… 157
　第二节　学前儿童意志的发展 ……………………………… 168
　第三节　学前儿童意志的培养 ……………………………… 177

第六章　放松身心:学前儿童游戏心理教育 …………… 187
　第一节　学前儿童游戏的内涵 …………………………… 187
　第二节　学前儿童游戏的发展 …………………………… 202
　第三节　学前儿童游戏的疗法 …………………………… 207

第七章　问题探索:学前儿童常见的行为问题探析 …… 218
　第一节　学前儿童行为问题的内涵 ……………………… 218
　第二节　学前儿童几种常见的行为问题及应对策略 …… 224

参考文献 ………………………………………………………… 243

第一章 基础认知：学前儿童心理健康概述

学前年龄阶段是人的一生中非常重要的一个阶段，学前儿童的心理健康发展如何可以影响其以后一生的发展。作为研究学前儿童心理发生发展规律和理论的一门重要学科，学前儿童心理学是每一个学前教育工作者都必须学习和掌握的一门学科，学前儿童心理健康是每一个学前教育工作者都必须关注的重要教育教学内容。本章重点就学前儿童心理健康的基本理论知识进行全面系统的阐释，以指导学前教育者、家长更好地了解学前儿童心理发展特征，学前儿童心理健康的内涵、标准、影响因素以及学前儿童心理健康教育的内涵，以更加重视、关注并能有效指导、促进学前儿童的心理健康发展。

第一节 学前儿童心理发展的特征

一、学前儿童年龄

(一)个体的年龄阶段划分

随着人的年龄的增长，人的生理和心理会发生不同的变化，在一个时期和阶段内会表现出一定的共性与个性。国内外学者将人的一生划分为不同的阶段，阶段划分有概括有细致，一般来说，人的一生可以划分为以下几个阶段。

(1)新生儿期:出生—1个月。

(2)乳儿期:1个月—1岁。

(3)婴儿期:1—3岁。

(4)幼儿期:3—6岁。

(5)童年期:6—12岁。

(6)少年期:12—15岁。

(7)青年早期:15—18岁。

(8)青年期:18—30岁。

(9)中年期:30—60岁。

(10)老年期:60岁至死亡。[①]

(二)学前儿童所处年龄阶段

心理学中所提到的"儿童"的年龄跨度是0—18岁,对"儿童"进行细分,学前儿童又包括了新生儿期、乳儿期、婴儿期、幼儿期的儿童四个阶段。其中,儿童在幼儿园接受教育的时期,称为"幼儿期"。

学前期是儿童期的重要时期(图1-1),根据对"学前儿童"的年龄划分,"学前儿童"的"学前期"有广义与狭义的理解,狭义的学前期等同于幼儿期指3—6岁;广义的学前期指0—6岁。本书中所提到的"学前儿童"是指广义的"学前期"儿童。

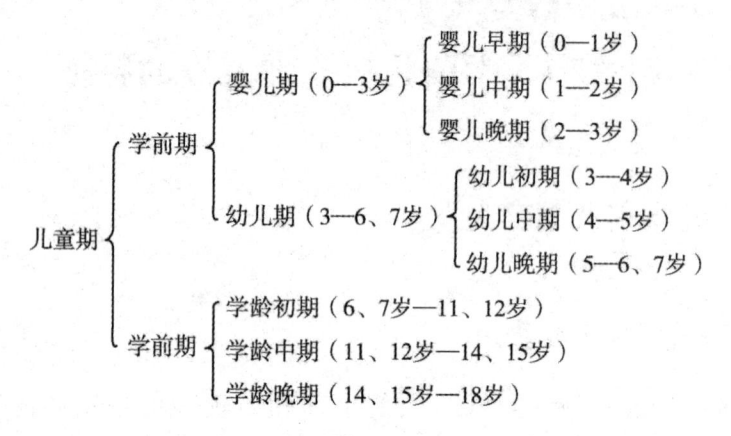

儿童期
- 学前期
  - 婴儿期(0—3岁)
    - 婴儿早期(0—1岁)
    - 婴儿中期(1—2岁)
    - 婴儿晚期(2—3岁)
  - 幼儿期(3—6、7岁)
    - 幼儿初期(3—4岁)
    - 幼儿中期(4—5岁)
    - 幼儿晚期(5—6、7岁)
- 学前期
  - 学龄初期(6、7岁—11、12岁)
  - 学龄中期(11、12岁—14、15岁)
  - 学龄晚期(14、15岁—18岁)

图1-1

[①] 吴荔红.学前儿童发展心理学[M].福州:福建人民出版社,2014.

二、学前儿童生长发育特征

(一)生理特征

1. 骨骼发育

生长发育是儿童身体的主要特点,儿童的骨骼弹性大而硬度小,柔韧性较好,因而不易完全骨折,但易弯曲变形,需要引起关注。身高的发育要比体重的发育速度快,多呈现细长型。

我国重视学校体育教育,幼儿园的学前儿童身体健康教育也是幼儿园教育的重要内容,科学合理的身体活动参与有助于学前儿童强身健体,并促进学前儿童身高的增长。

2. 肌肉发育

儿童的肌肉富有弹性,这主要是因为学前儿童肌肉中含水量较高,蛋白质、脂肪以及无机盐类较少,肌肉细嫩。

相较于成人来说,学前儿童肌肉的收缩能力较弱,耐力差,易疲劳,但恢复速度相对较快。

3. 关节发育

关节是人体的重要生理结构之一,由于发育不完善,学前儿童的关节牢固性较差,易脱位。

对于学前儿童来说,由于关节的灵活性与柔韧性都易发展,因此建议学前儿童应该多从事一些有益关节活动和柔韧性发展的健身活动,这对于学前儿童在早期就开始保持良好的身体柔韧性具有重要的帮助作用。

4. 智力发育

儿童的神经系统已基本发育成熟,并且已经基本具备了从事各种复杂运动的身体能力,智力水平也随着接触的人和事物的慢慢增多而在不断提高,这一时期要重视对学前儿童的智力开发。

针对学前儿童的健身活动应突出娱乐性,以儿童的心理特点为基本依据,着重促进学前儿童的身心健康发展和发育。

在这里需要特别指出的是,学前儿童的智力发育具有其本身的特点与发展规律,目前社会上的各种早教机构对于儿童智力开发的教育行为和教育思想宣传具有一定的夸大性,家长在为孩子选择早教机构、早教内容以及考察幼儿园教学理念与教学体系内容时,应科学理性,切忌盲目轻信和跟风。对学前儿童的教育应该遵循基本的教育教学规律,同时教育教学内容应体现学前儿童的身心发展特点。

5. 动作发展

在幼儿时期,动作的发展非常重要,而且与儿童的心理发展关系密切,从婴儿到学前晚期,儿童的动作发展是非常鲜明的(表1-1、表1-2、表1-3)。[①]

表1-1　0—1岁婴儿动作发展

顺序	动作发展	年龄/月
1	稍微抬头	2.1
2	头转动自如	2.6
3	抬头、抬肩	3.7
4	翻身一半	4.3
5	扶坐前倾	4.7
6	手肘支撑胸离床面	4.8
7	仰卧翻身	5.5
8	独坐前倾	5.8
9	扶腋下站立	6.1

---

① 郑春玲. 学前儿童心理健康教育[M]. 北京:中央广播电视大学出版社,2012.

续表

顺序	动作发展	年龄/月
10	独立片刻	6.6
11	蠕动打转	7.2
12	扶双手站立	7.2
13	俯卧翻身	7.3
14	独坐自如	7.3
15	给助力能爬	8.1
16	从卧位坐起	9.3
17	独立能爬	9.4
18	扶一手站立	10
19	扶两手能走	10.1
20	扶物体能蹲	11.2
21	扶一手能走	11.3

表1-2　1—3岁幼儿动作发展

顺序	动作发展	年龄/月
1	堆积木3—5块	15.4
2	用匙时外溢	18.6
3	用双手端碗	21.6
4	堆积木6—10块	23.0
5	用匙时稍外溢	24.1
6	脱鞋袜	26.2
7	串珠	27.8
8	折长方形近似	29.2
9	独自用匙好	29.3
10	画横线近似	29.5
11	一手端碗	30.1
12	折正方形近似	31.5
13	画圆形近似	32.5

表1-3 学前儿童动作发展

大动作发展	精细动作发展	年龄/岁
走路有节奏	能做简单的穿衣、脱衣动作	2—3
由疾走变跑	会拉开和拉上大的衣服拉链	
做跳跃动作仍显僵硬	灵活地用小匙吃饭	
能边走边推小车,但把不住方向		
双脚交替上楼梯,下楼梯需牵引	会扣上和解开衣服的大扣子	3—4
做跳跃动作显得较灵活	会使用剪刀	
需要依靠身体做扔和接物的动作	会画出垂直的线和圆圈	
能双手扶把踩三轮童车	会画人,但形似蝌蚪	
双脚交替下楼梯	能用剪刀剪直线	4—5
能跑得很稳	能模仿画出矩形、十字形	
能单足飞快跳		
能依靠身体转动和改变重心扔球	会写字母	
能依靠双手接、拦住球		
能飞快踩踏童车,并把稳方向		
能快速奔跑	能系鞋带	5—6
能做真正的跳跃动作	能画人体的头、躯干、手、脚	
扔物、接物动作成熟	能模仿写简单的数字、字	
能踩带有训练轮子的自行车		

(二)心理特征

学前儿童的知识体系不健全,人际关系简单、社会阅历少,在心理发展方面,学前儿童的认知、情感都具有鲜明的不成熟的特点。

思维发展方面,儿童的形象思维逐步过渡为逻辑思维。学前儿童在认识事物时,不能离开实物去理解事物,学前儿童认识事物,经常是不停地去看、听、摸、闻,有时还忍不住去用嘴巴尝一尝,如果单纯地靠语言去描述一种事物,则学前儿童很难去理解。在整个学前时期,学前儿童思维的主要特点是具体形象,但5—6岁的儿童已经具有了一定的逻辑思维能力。例如,问4岁的孩子:"乒乓球为什么会浮在水面上?"他们会回答"因为它是白色的。"而5岁的孩子就会知道,一些东西比水轻,它们就沉不下去,这说明5岁的学前儿童已经具备了初步的抽象思维能力来推断事物之间的因果关系。

想象力方面,学前儿童的想象以无意性为主,他们的想象大都没有目的,而且想象变化非常快,事先没有任何预想,这在学前儿童的画画中表现得很突出,从开始画画到画作完成可能是完全无关联的事物。

学前儿童的自我控制能力差,在愉快的情绪下,一般能接受任务,并且能够坚持活动的时间比较长,任务完成效果好,反之,儿童情绪低落,或处于痛苦、恐惧状态,活动效果就比较差。

就学前儿童来说,情感变化大,3岁左右的孩子对同伴的情感是不稳定的,没有稳定同伴,而5—6岁的孩子与同伴的关系相对稳定。学前儿童的情感、情绪是外露的,到了学前晚期,能有意识地控制自己的情感表现,如有的孩子遇到不高兴的事时也能表现得不那么明显,需要教师去悉心观察才能发现。

随着知识的不断丰富,其思考的目的性、独立性和灵活性会随着年龄的增加、接触的人事物的增多而有一定程度的提高。

三、学前儿童心理发展特征

(一)连续性和阶段性

1. 学前儿童心理发展的连续性

一般认为,个人的心理发展是一个连续的、不中断、渐进式的过程,人的心理发展会随着人的年龄不断增长而持续发展成熟,而不会在某一个发展阶段停止发展。从时间维度上看,心理发展曲线是一条平滑上升的曲线。

此外,心理发展是一个连续的过程。在生命延续的过程中,它既没有一个绝对的起点,也没有一个绝对的终点。每一个心理发展的进步都是建立在先前发展基础之上的。

发展的连续性体现着个体心理发展的总趋势,具体来说,人生早期心理的发展是由低级到高级、由简单到复杂、由混沌到分化的上升过程,人生后期的心理发展趋势是由健全到衰减、由灵活到呆板、由清晰到朦胧的下降过程。儿童心理发展的总趋势是上升的。

2. 学前儿童心理发展的阶段性

个体的心理发展是一个渐进的、阶段性的发展过程,对于个体来说,随着年龄的不断增长,个体的心理发展曲线是一个阶梯状的非平滑折线。

在不同的发展阶段,个体的心理发展与前一个阶段的心理发展表现出"质"的飞跃,表现为不同的主导活动和不同的心理能力,同时在不同心理发展水平影响下的个体其具体行为表现出不同的特征。

个体的心理发展的连续性与阶段性是相对存在的,从儿童期到青壮年期,个人的身心发展就如同在平缓的斜坡上不断地往高处行进,步步升高;同时,在具体的人生发展阶段,每到一个新的阶段,就像攀登上了一个新的台阶,每一步登高都是突发的,意味着人生和个人心理发展达到了一个新的高度(图1-2)。

总之,个体的心理发展的连续性和阶段性是不矛盾的,二者是量变和质变的关系。具体来说,个人心理的发展是一个有阶段的连续过程,前一阶段是后一阶段的基础和前提,后一阶段则是前一阶段的完善和提高。各个发展阶段并非简单叠加,而是逐级包含。新阶段是对原有阶段水平的新构建与重新塑造,各阶段共同构成一个没有绝对起点、不是间断跳跃的发展全过程(图1-3)。

（a）连续性发展　　　　（b）阶段性发展

图 1-2

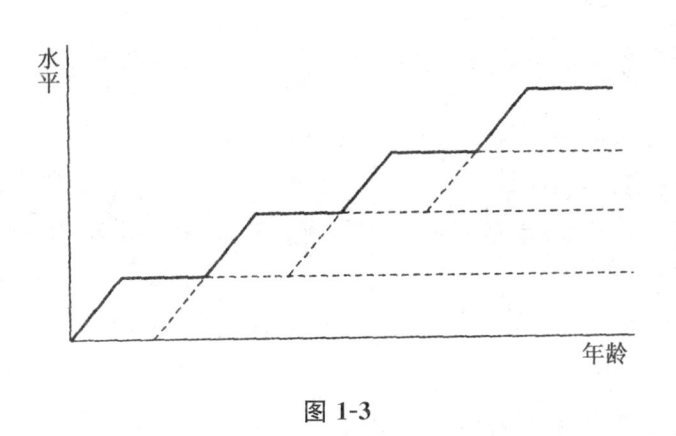

图 1-3

（二）普遍性和差异性

1. 学前儿童心理发展的普遍性

学前儿童心理发展的普遍性，具体是指任何个体的心理发展都受遗传、环境、教育等因素的影响，这些因素作用于学前儿童的身体和心理，共同发生作用，对于学前儿童来说，他们在生理和心理上表现出与其他年龄阶段的人的普遍性的群体特点，这是人体发展的一个客观的过程。

2. 学前儿童心理发展的差异性

学前儿童的同龄者与其他年龄阶段的人表现出一定的群体不同特点，同时都处于学前期的儿童，一个儿童与另一个儿童的生理与心理发育也是不同的。这也就说明了为什么要在具体的幼儿教育中做到因材施教。

教育的目的在于促进个体的身心健康发展，幼儿期的教育也不例外，学前儿童的教育活动内容与形式安排应符合幼儿群体特点，也要照顾到具体的每一个幼儿的身心发展特点，以促进每一个儿童都能有不同程度的身心健康发展。

(三)稳定性和可变性

1. 学前儿童心理发展的稳定性

个体生理与心理发展的年龄特征决定了学前儿童的心理发展会表现出一定的稳定性，具体来说，儿童每一阶段变化的过程和速度，大体上都是稳定的、共同的。不会出现大的与年龄阶段不符的波动。

从认知与心理发展规律的角度来看，学前儿童心理发展的稳定性受以下因素影响。

(1)个体生理发育发展具有客观规律性

儿童脑的结构和机能的发展是符合人体生长发育的基本规律的。学前儿童的大脑神经系统和思维、注意力、记忆力等智力相关因素的发育是有一定次序的，心理活动的变化与成熟也具有一定的规律性。

(2)个体认知具有客观规律性

人类知识经验本身是有一定顺序性的，儿童掌握人类知识经验也必须遵循这一顺序。

(3)个体身心发展的整体趋势

任何一个个体从婴幼儿时期到成年，身心发展都需要经历一个大体相同的不断由量变到质变的过程,儿童从掌握知识到心理机能发生变化的过程也不例外。

学前儿童心理发展的年龄稳定性,使得相隔许多年的研究和不同地区的跨文化研究具有一定的社会意义,研究证实,不同时期和不同文化背景的儿童,其心理发展有着共同的年龄特征。

2. 学前儿童心理发展的可变性

学前儿童心理发展受多种因素的影响,不同的学前儿童的家庭环境、亲子关系、教育条件、教育经历与参与的社会活动等各方面的不同,决定了儿童心理发展的情况有各种差别,便构成了儿童心理年龄特征的可变性。

影响学前儿童心理发展可变性的原因主要包括以下几方面。

(1)社会条件

儿童心理年龄特征不完全相同。从生产生活水平的发展变化来说,中华人民共和国成立初期广大人民群众的生活水平和改革开放进入第40个年头的人民群众的生活水平相比发生了显著的变化,这就意味着儿童及其家庭所面临的整个社会条件发生了翻天覆地的变化,广大儿童的心理发展具备了优越的环境发展条件,儿童的生理、心理年龄特征也会有不同社会发展历史时期的显著变化。

(2)教育条件

个体所接受的教育可影响个体的成才与否,尤其是儿童期所接受的教育观念与教育内容对个体一生的发展将有重要的影响作用,很多教育实践也充分证明,不同的儿童在不同的教育理念和教育实践条件影响下,儿童心理的发展有着显著的差异。儿童心理年龄特征也不完全相同。简单来说,儿童所接受的教育符合科学本身的规律,又符合儿童的发展规律,且各项儿童教育活动组织开展合理,则能充分调动儿童学习和参与的积极性与主动性,有利于促进儿童较快地、较有效地获得成长与发展。反之,则对儿童成长与发展不利。

学前儿童的心理发展的可变性，使得现代人能更加关注和重视教育的科学性，教育者应时刻关注不同历史时期、社会条件下的教育改革与实践才能够促进儿童心理年龄特征的变化。

综合上述分析来看，儿童心理年龄特征的稳定性和可变性是相对的，表现在儿童心理年龄特征只是在一定范围内可以变化，变化有限度。在处理儿童心理年龄特征的稳定性和可变性问题上，反对两种片面性：其一，过分强调儿童心理年龄特征的稳定性，忽视社会条件和教育工作对儿童心理发展的作用；其二，过分强调儿童心理年龄特征的可变性，过分夸大社会条件和教育工作的影响。

(四)儿童心理发展趋势

1. 从简单到复杂

儿童最初的心理活动由简单的反射活动到复杂的逻辑思维，发展趋势表现如下。

(1)从不齐全到齐全

人的各种心理过程在出生的时候并非已经齐全，而是在发展过程中形成。例如，个体从出生到上学之后对语言文字的学习与掌握，学前儿童由于年龄小，因此在生理和心理上的对比变化更是显著的，各种心理过程出现和形成的次序服从由简单到复杂的发展规律。

(2)从笼统到分化

学前儿童的心理认知具有不成熟、不系统性，在婴幼儿时期，对事物的认知是简单和单一的，如对颜色的认识仅限于鲜明和灰暗，对情绪的认知仅限于笼统的喜怒，随着幼儿的心理发展不断成熟，学前儿童的认知逐渐变为复杂和多样化的，如可辨别各种基本颜色，情绪情感从简单的喜与怒可进一步分化出愉快和喜爱、惊奇、厌恶、妒忌等复杂情感。

2. 从具体到抽象

思维是儿童心理活动中非常重要的一个活动，儿童思维的发展具有从具体到抽象的变化特征。

具体来说，越是年龄小的儿童，他们对事物的理解越是具体形象的，不能理解"长了胡子的叔叔"怎么能是儿子呢，对于一些自然现象、科学现象背后的科学原理也不能很好地理解。

3. 从被动到主动

儿童心理活动最初是被动的，心理活动的主动性逐渐提高，最后发展到成人所具有的极大的主观能动性。表现如下。

（1）从无意向有意发展

新生儿的原始反射是本能活动，是对外界刺激的直接反应，是无意识的，如新生婴儿的吸吮动作是一种生存本能，新生儿会紧紧抓住放在他手心的物体，这一抓握动作是无意识的，也是一种本能。随着年龄的增长，学前儿童的一些行为就开始具有计划性、目的性、有意识性，能够意识到自己的心理活动的情况和过程。例如，幼儿园大班儿童的有意记忆，既知道自己要记住什么，也知道应该用什么方法记住。

（2）从受生理制约到主动调节

幼小儿童的社会关系和社会经验几乎是空白的，因此他们的心理活动大多源于生理因素的影响，在很大程度上受生理局限，随着生理的成熟，个体的心理活动的变化会受到主观思维与意识的影响，具体表现为个体的主观能动性能力的不断提高。举例来说，2岁的孩子注意力不集中，这是因为2岁的孩子在生理上发育不成熟，随着年龄增长，5岁孩子的大脑神经系统发育逐渐健全，能够在参加一些活动的过程中集中注意力。

4. 从零乱到系统

儿童的心理活动最初是零散杂乱的，心理活动之间缺乏有机的联系,而且非常容易变化。比如,年龄小的儿童一会儿哭,一会儿笑,这是心理活动没有形成体系的表现。随着年龄的增长,儿童的心理活动会逐渐组织起来,具有系统性、整体性、稳定性,并表现出个性心理特征。

第二节　学前儿童心理健康的内涵

一、健康与心理健康

(一)健康的概念

"健康"无论对国家、民族还是个人都有着非常重要的意义。关于健康的概念,在不同的时期和时代随着人们对健康认知的变化,健康的概念描述与概念内涵也有所差异。

1948年,世界卫生组织提出了健康的新概念,即"Health is state of complete physical, mental and social well-being and not merely the absence of disease or infirmity",明确了健康是没有疾病和虚弱,并保持身体上、精神上和社会适应方面的完美状态。

1978年《阿拉木图宣言》对健康的描述:"健康不仅仅是没有疾病或虚弱,而是良好的身体、精神状况和社会适应能力的总称。"

我国《心理学大辞典》将健康的状态概括为应满足三个方面的标准,即生理标准、心理标准、社会标准。

1989年,世界卫生组织进一步深化健康概念,提出健康包括四个方面的内容,即身体健康、心理健康、社会适应良好和道德健康。

现代健康是一个多维概念,2000年,世界卫生组织又提出了道德健康和生殖健康。至此,健康的概念被进一步完善,并由此明确健康应该包括生理、心理、道德、生殖和社会适应五方面内容。个体要实现和达到健康状态,应在生理、心理、社会性、道德、生殖方面均达到健康状态。

随着人类对健康的认知不断深入,未来在阐述健康时,健康的概念内容与内涵必将越来越丰富。

(二)心理健康的内涵

心理健康是心理上的一种健康状态。心理健康包括情感和思维状态两方面,即情与知。具体来说,一个心理健康的人,应内心世界充实,处事态度和谐,与周围环境保持协调均衡;与此同时,还在精神、情绪和意识方面处于良好状态,具有情感认识、接受、表达、独立行为、应对挑战等的能力。

有心理学家研究指出,确定个体的心理活动是否正常,有以下三个标准与原则。

(1)个体的心理活动与外部环境是否统一。

(2)个体的心理现象是否完整。

(3)个体的心理特征是否相对稳定。

心理健康的人会表现出以下基本特征。

(1)自我人格完整。

(2)情绪稳定,自控、自律能力好,能保持心理上的平衡。

(3)自尊、自爱、自信。

(4)有自知之明,正确评价自己。

(5)有充分的安全感、和谐的人际关系,受人欢迎和信任。

(6)有明确的生活目标,有理想,有追求。

二、学前儿童健康与心理健康

(一)学前儿童健康

学前儿童健康,具体是指学前儿童保持持续、正常的发展状态。

2001年，我国教育部颁布《幼儿园教育指导纲要(试行)》，指出"幼儿园必须把保护幼儿的生命和促进幼儿的健康放在工作的首位"。维护学前儿童的生命安全、身体健康是法律赋予我们每一位成人的义务与责任。

学前时期，儿童身体组织的大小、功能、效能等都处于不断增长阶段，但是由于遗传、环境、营养等各方面的因素影响，每一个幼儿的生长发育表现出不同的个性差异，不同学前儿童的生态发育程度不同，但是只要学前儿童的生长发育符合整个人类个体的生长发育规律，同时学前儿童个体的发展幅度并未远离学前儿童群体的发展水平，均视为健康。

(二)学前儿童心理健康

一般认为，学前儿童心理健康是指学前儿童的心理发展达到相应年龄组儿童的正常水平，情绪积极、性格开朗、无心理障碍，对环境有较快的适应能力。[1]

结合学前儿童的生理、心理生长发育的规律和特征，可以从动作、认知、情绪、人际关系、性格特征、自我意识等方面来衡量一个学前儿童的心理是否健康。

第三节 学前儿童心理健康的标准与影响因素

一、学前儿童心理健康的标准

(一)WHO现代健康新标准

世界卫生组织(WHO)在给健康下定义时并未给出量化的标准，这是因为，由于发展时期、地域、种族、年龄、性别、职业等因素的

---

[1] 郑春玲. 学前儿童心理健康教育[M]. 北京:中央广播电视大学出版社,2012.

不同,健康的具体标准也会不同。衡量健康的标准是很广泛的。

近年来,为普及健康知识,WHO 提出了衡量人体健康的以下 10 条标准。

(1)精力充沛,能从容应付日常生活和工作。

(2)处事乐观,态度积极,乐于担责。

(3)善于休息,睡眠质量好。

(4)应变能力强,适应能力好。

(5)对一般感冒等传染性疾病具有一定的抵抗力。

(6)体型匀称,体重适当,身体比例协调。

(7)眼睛明亮,思维敏捷。

(8)牙齿清洁,无损伤,无病痛,无出血。

(9)头发光泽,无头屑。

(10)走路轻松,肌肉、皮肤有弹性。

(二)《心理学大辞典》的心理健康标准

《心理学大辞典》中关于心理健康的判断列出了以下标准。

(1)情绪稳定,无长期焦虑,少心理冲突。

(2)乐于工作,能在工作中表现个人能力。

(3)人际关系和谐,乐于与他人交往。

(4)对自己有适当的了解,有自我悦纳态度。

(5)对环境有适当认知,能切实有效面对问题、积极解决问题。

(三)学前儿童的心理健康标准

学前儿童的心理健康标准可细分为以下两个方面。

1. 社会性方面

在社会性方面,一个健康的学前儿童应有以下表现。

(1)喜欢、积极参与学习和游戏等活动。

(2)容易适应新环境,充满兴趣和好奇心。

(3)对人友善,能享受与别人共同参与活动的乐趣。

(4)愿意用语言表达需要、感觉、与人沟通。

(5)喜欢自己,喜欢别人,能理解别人的感觉。

(6)学习自我控制。

(7)自信,能享受成功的喜悦,也能面对失败不灰心。

(8)大部分时间心情愉快。

2. 活动参与表现

在参与游戏和学习时,一个健康的幼儿应具有以下表现。

(1)注意力集中。

(2)对学习有兴趣,求知欲强。

(3)做事有始有终,专心致志。

(4)逐渐独立地游戏和工作,也能与人合作。

(5)有想象力和创意。

(6)乐于接受任务。

(7)对别人的指示能迅速作出反应。

(8)能与别人分担责任。

(9)敢于接受挑战。[①]

必须特别说明的是,心理健康的标准只是一种理想尺度,作为学前儿童的教育工作者和家长可将其作为一种重要参考,实际上在日常生活中完全符合心理健康标准的学前儿童并不多,判断学前儿童的心理健康水平应因人、因事、因时而异。

二、学前儿童心理发展的影响因素

(一)遗传因素

遗传是一种生物现象,通过遗传,祖先的一些生物特征可以传递给后代。人们是否能达到健康目标,在一定程度上取决于遗

---

① 王娟. 学前儿童健康教育[M]. 上海:复旦大学出版社,2012.

传控制。遗传是决定或限制健康表现的直接原因,许多人健康与否就是由各自的遗传潜力决定的。

一般来说,遗传对个体健康的影响主要集中在生理遗传上,遗传对生理的直接影响可以间接导致个体的心理发育。例如,遗传对神经系统的结构和机能特征的影响可引起个体心理的发展变化。

遗传对儿童心理发展的作用具体表现在两个方面。

1. 提供心理发展的物质基础

人类在进化过程中,脑和神经系统高级部位的结构和机能也会得到高度的发展,与其他一切生物形成了不同的生物特质。人类共有的这些遗传素质是使儿童有可能达到社会所要求的那种心理水平的最初步、最基本的条件。

2. 奠定儿童心理发展个别差异基础

生理健康发育是心理健康发育的重要基础,个体的心理健康发育需要建立在健康的生理条件基础之上,对于个体来说,遗传因素对个体的生物学影响所产生的儿童个体的遗传差异决定着儿童个体的心理活动差异,从而影响到儿童个体的心理机能差异。

先天性疾病和遗传性疾病是两个不同类的疾病,但均对个体的生理和心理健康发育有重要的影响。先天性疾病是指父母亲的生殖细胞正常,但受孕后在胎儿发育过程中受到影响和损害而引起的疾病。遗传性疾病是指父母亲的生殖细胞染色体的缺陷或生殖细胞本身的其他原因引起胎儿的疾病,一些畸形和智力缺陷可导致个体生长发育的与众不同,进而可对个体的心理健康发育产生不良的影响。从遗传学角度来讲,一般认为遗传因素对个体的智力、特殊能力的发展及个性发展影响更加深刻。

遗传在儿童心理发展中的作用是客观的,充分利用良好的遗传素质,可以取得事半功倍的效果,如一些高智商父母或有积极心理发展特征、强大逻辑思维能力、运动细胞发达的父母的孩子也可以重视父母特长方面的开发。

　　针对遗传对个体成长发育的研究,最主要的是家谱分析、血缘关系研究。家谱分析是对某一个"标志对象"(具有某一特征或异常行为的典型个案)的家庭历史、亲属关系的调查,如果"标志对象"的家系中"名人"或"低能"出现频率比在一般家系高,则说明血统的遗传因素在此特征上有一定的作用。血缘关系研究是从人们血统亲疏远近的关系上去研究某特征或行为出现的一致性程度(比率或相关系数)的研究,是智力遗传因子研究的常用方法(表1-4)。

表1-4　血缘关系与智商的相关[①]

血缘关系			IQ相关(r中数)
无血亲关系	无关系儿童	分养	−.01
		合养	.23
	养父母与养子女		.20
旁系血亲	堂、表兄弟姐妹		.16
	堂、表叔侄、舅甥		.26
	姨侄、舅甥		.34
	同胞	分养	.47
		合养	.55
直系血亲	异卵双生子	不同性别	.49
		同性别	.56
	同卵双生子	分养	.75
		合养	.87
	祖父母与孙子		.27
	父母与子女		.50
	父母(儿时)与子女		.56

---

① 吴荔红.学前儿童发展心理学[M].福州:福建人民出版社,2014.

遗传素质规定了儿童可能的发展方向,但儿童的发展是先天和后天相互作用的结果。德国心理学家斯腾在《早期儿童心理学》一书中提到:心理发展并非单纯是天赋本能,或受外界影响,而是内在本性和外在条件的共同结果,并研究提出了遗传和环境双重作用下人的发展示意图(图1-4)。

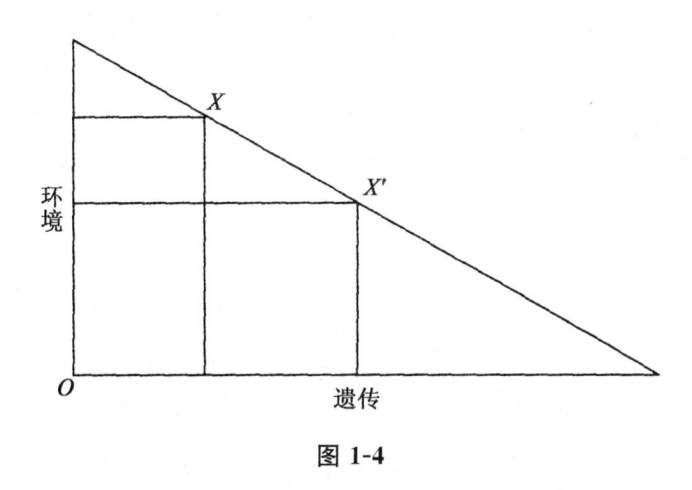

图 1-4

注:X、X'代表不同具体机能,在不同程度上受遗传和环境的影响。X机能受环境影响较大,而X'机能受遗传影响较大。

(二)生理成熟

生理成熟是影响个人心理健康发育的一个重要的因素,在一定程度上,生理成熟受遗传影响较大,因为从人的生命发育过程来看,生理发育主要是按照遗传的程序进行的。但是,排除遗传信息和要素之外,生命发育过程中的生理发育成熟程度也会对个体的生理与心理健康有重要的影响。例如,受精卵在母体中形成之后,胎儿的健康发展发育受到母亲的情绪、营养状况、各种行为反应等的影响。

婴幼儿在出生之后,从婴儿成长为儿童的过程中,如果个体的营养状况良好,则身体的各种机能就会迅速发展;如果营养不良,则会阻碍身体的正常发育,并可以波及和直接或间接影响到个人心理的健康发育。

(三)环境因素

环境因素可在不同程度上影响遗传所赋予健康潜力的发挥,并最终决定健康程度。影响学前儿童心理健康发育的环境因素具体包括自然环境和社会环境因素。

遗传因素提供了儿童心理发展的可能性,要使这种可能性转化为现实,则取决于儿童所处的社会生活环境及所受的教育,社会生活环境和教育制约着儿童心理发展的内容、方向和水平,可以说,环境和教育是儿童心理发展的决定性条件。

1. 自然环境

大气、水、土地、矿藏、森林、野生物,各种自然和人类遗迹等的总和构成自然环境。自然环境组成人类的生活环境,是人类赖以生存和发展的物质基础。

人类的健康与环境质量密切相关。健康的自然环境是保证人们拥有健康身体的重要前提。

良好的环境,可增进人类健康,有害的环境可对人类健康造成巨大影响,甚至威胁人类的生存。

2. 社会环境

社会环境指儿童的社会生活条件,包括社会的生产力发展水平、社会制度、儿童的家庭状况、周围的社会气氛等。所谓环境对儿童心理发展的作用,主要指以下社会性因素对儿童心理健康发育的影响。

(1)社会生活条件

良好的社会生活条件,如完好的政治制度、健全的法律体系、良好的经济状况、较高的文化水平等,能为儿童的心理健康成长奠定良好的物质条件。

人具有社会属性,离开必要的社会生活条件,人的心智发展会出现异常。例如,如果人自出生之后,就脱离了人类社会的环境,那么,即使其遗传素质较好,心理发展的水平也会受到很大影响。狼孩儿就是典型的离开社会生活条件的案例,这些在野生环境中成长了几年后的狼孩儿,再回归人类社会,他们的语言、动作、智力等发育也很难达到同龄人水平。

(2)社会心理因素

社会心理因素是影响人体健康的重要方面。良好的情绪有助于个人心理的健康发展,良好的情绪不仅可以抵消消极情绪的有害影响,而且可以通过神经和内分泌系统使体内环境处于稳定的平衡状态。反之,持久强烈的"致紧张因素"的刺激可使人失去生理、心理平衡。

(3)社会道德因素

社会道德对健康产生重要影响。从整体来看,一个国家和一个民族的健康素质高低,必然与其道德风尚成正比关系。儿童的良好世界观、价值观、人生观的形成,与其所生活的社会道德氛围紧密相关。

3. 教育条件

教育是儿童所处社会环境中最重要的部分,是目的性和方向性最强、最有组织的具体地引导儿童发展的环境。

与动物相比,儿童心理的发展是一个不断学习的过程。具体来说,动物心理的发展靠本能、成熟和个体的直接经验。儿童心理的发展则主要靠学习、文化传递和群体的经验,靠社会生活和教育的影响。儿童在同一社会中所处的环境千差万别,具体的教育条件是形成儿童个别差异的重要因素。

对儿童来说,对其成长发育有重要影响的教育因素包括三个方面,家庭教育、学校教育、社会教育。

(1)家庭教育

在家庭教育环境中,有相对稳定、变化缓慢的因素,比如家长的职业和文化水平、家庭人口和社会关系以及儿童在家庭中的地位等,这些因素家长难以控制。但是,还有一些家长能够自觉控制的因素,如教育观点、教育内容、教育态度和方法,这些对儿童心理发展起很大的作用。

(2)学前教育

学前教育环境中,幼儿园的教育理念、教育内容、师生教学互动关系等都会对儿童心理发展起到主导作用,原因如下。

第一,教育是一种有目的、有计划、有系统地对儿童施加影响的过程。

第二,教师可以根据个体差异因材施教,趋利避害,促使儿童心理健康发展。

第三,学前教育的教育组织形式是集体性的,同龄伙伴对儿童心理的影响,特别是良好个性品质的形成是极为有利的。

(3)社会教育

儿童在亲子关系、与同龄人或教师的相处过程中,形成简单的社会人际关系,也会在参加一些社会活动的过程中与其他社会关系中的人接触,儿童的生活环境是复杂的,应该综合对待,不能抛开儿童所处的社会生产力发展水平、社会制度、社会风气等因素,而单纯强调家庭和幼儿园的教育。社会整体的文化氛围、教育氛围对儿童心理健康影响也是非常重要的。

(四)儿童内在心理矛盾

1. 儿童心理发展的内部矛盾是儿童心理发展的根本动力

儿童心理发展的内部矛盾包括两个方面的内容,这两个方面对儿童心理健康的发展起到了重要的推动作用。

(1)新的需要

新的需要是一种心理反映形式,指要求倾向于某一事物的内心体验,具体表现为动机、兴趣、理想、信念和世界观等。

(2)已有心理水平

儿童已有心理水平,具体是指儿童原有的心理结构,是指过去反映的结果,它是一种相对稳定的心理水平。

在儿童的心理发展过程中,新的需要和原有的心理水平是对立统一的内部矛盾,它们共同促进心理发展。具体来说,在个体心理发展过程中,当新的需要引起原有心理水平的改变时,就促使儿童心理在原有基础上的新发展;反之,当新的需要被原有的心理水平所否定、排斥,心理就保持原有的水平。

应该充分认识到的是,儿童的需要和心理水平受遗传、环境、教育及儿童活动实践的影响,这些影响为儿童的心理进一步发展提供了各种条件。

2. 儿童的活动是儿童心理发展的基础和源泉

儿童所生活的自然环境、社会环境都是非常复杂的,遗传和生理成熟构成了儿童心理发展的自然物质前提,自然环境、社会环境和各种教育条件与因素构成了儿童心理发展的基本条件,儿童在参与自然与社会的各种活动中,获得知识、经验、技能,从而促进儿童的生理、心理、社会性发展。

如前所述,在影响儿童心理发展的各因素中,这些主客观因素的相互作用,它们对儿童的成长发育产生影响也是在儿童活动中发生的。儿童只有通过参加各种丰富多彩的活动(包括游戏、学习、社会实践等),社会和教育的要求才能成为儿童心理的反映对象,才能转化为儿童的主观心理成分;儿童只有在活动中,才能形成自我的新的需要与原有水平的内部矛盾运动,才有可能反作用于客观环境,进而通过与周围各因素的互动,来完成自我的心理建设与发展。

第四节　学前儿童心理健康教育的内涵

学前儿童心理健康教育对个人成长、社会发展都非常重要,学前儿童心理健康教育的内涵是十分丰富的,这里重点从以下几个方面就学前儿童心理健康教育进行多角度综合阐释分析。

一、学前儿童心理健康教育的意义

(一)关注儿童心理健康是社会发展的必然结果

现代文明社会,科技文明、社会生产、生活方式等都时刻在发生着不断的变化。整个社会变化日新月异,现代社会的竞争日益复杂,现代社会所需要的人应是符合社会发展的现代化人才,是具有竞争意识、合作意识,可以独立思考和可以做决策的人。

社会发展要求教育应不断进行改革以培养适合新时期社会发展所需要的人才,在学前儿童教育中,应关注学前儿童的健康,并首先关注于科学培养学前儿童的良好心理品质与健全人格。心理健康教育是顺应社会发展,从学前时期就提高个人的健全意志、独立自主能力、心理承受能力、社会适应与创造能力,为个体的长期发展奠定良好的基础。

心理健康知识是一门科学,是一种生活的哲学和艺术,无论是教师还是家长,掌握必要的心理健康教育知识既可以促进自身良好心理个性与状态的形成,也有助于其他素质的提高,又可以使自己的人生更加和谐、充实和富有意义,并能很好地将这些知识与教育理念潜移默化地传递、影响下一代,进而促进下一代的健康发展,这是学前儿童心理健康教育的重要任务和目标之一。

(二)开展心理健康教育是学前儿童心理发展的需要

学前期是个体身心发展的最快速、最关键的一个时期,学前儿童对外界的变化非常敏感,很容易受到外界因素的影响,这些影响可能是正面的、积极的,也可能是负面的、消极的。学前儿童的生活环境与心理健康教育是否得当,将直接影响学前儿童当下和未来的健康发展,科学的学前儿童心理健康教育可以促进学前儿童的良好个人心理品质的形成,避免一些心理问题、心理障碍的产生,如说谎、骂人、语言障碍、咬手指、攻击行为等,这些不良习惯和行为如果在早期能得到很好的控制、缓解与消除,对于学前儿童自我意识的充分表达、与他人的积极沟通是具有重要意义的。

心理健康教育以培养良好的个性特征和正常的心理过程为重要目标,促进了对学前儿童的智育,弥补了知识教育的不足。无数成功个案经验说明,良好的个性品质比知识对个体成才具有更为深远的影响。决定个人命运和成功的是过人的胆识、坚强不屈的意志、创新创造能力,而非简单的知识储备。事实上,个体的任何智力活动都依赖于大脑机能和其他心理过程的正常配合。

开展学前儿童心理健康教育有助于及时地帮助学前儿童解决其生长发育、心理发展过程中存在的各种问题与不良行为,是学前儿童心理健康发展的实际需要。

(三)全面提高学前儿童心理素质

现代社会强调的是人各方面素质的全面发展,一个人素质发展越全面,他的潜能就越能得以充分发挥,他就越容易适应日益纷繁复杂的社会发展的需要。

心理素质是人全面发展中一个不可缺少的方面,无数跟踪调查显示,一个人发展的好坏,并不完全取决于他的智力因素,也有非智力因素的影响,良好、健康、积极的个性心理是个体成才的重要基础。

(四)开发学前儿童的心理潜能

良好个性的形成是一个不断学习、总结、发展和完善的过程。学前儿童心理健康教育的目的并不仅限于维护心理健康及对社会生活和未来的复杂人际关系等周围环境的一般性适应,其最终目的在于开发学前儿童个体的多方面心理潜能,促进个体认识机能、情感机能和人格的发展与完善,引导学前儿童有意识地重视自己的内心世界和内心生活,进而充分发挥出个体的创造性,通过自我塑造,从而很好地适应、创造、改变社会生活,能很好地与周围的人事物和谐相处。

(五)提高学前儿童的社会适应性

心理健康教育对学前儿童的健康成长具有重要意义,健康的心理和健康的身体对于个人的健康成长发育来说是同等重要的,一个心理健康的学前儿童与一个心理健康状态有一定问题的学前儿童相对比来说,前者在各个方面更容易取得进步。积极的自我意识和思维以及创造力能使学前儿童更好地接纳自己在幼儿园的各项活动与任务,学会与教师、与其他小伙伴友好相处。

二、学前儿童心理健康教育的原则

(一)教育性原则

学前教育工作者应关注学前儿童的心理健康发展。心理健康教育是社会主义精神文明建设的重要组成部分,要充分体现社会主义精神文明的特征。

教育性原则要求学前儿童心理健康教育应注重以下几点。

(1)充分考虑中国的实际情况和中华民族的文化特色,有选择地借鉴西方关于心理健康教育的理论、方法和技术,不能照搬照抄。

(2)把心理健康教育与学前儿童的道德品质教育结合起来,使心理素质、道德品质相互影响,相互促进,统一发展。

(3)重视正面的启发教育和积极引导。

(4)针对学前儿童出现的各种特殊行为与观念,应实事求是地分析,明辨是非,帮助他们建立积极的思维模式。

(二)保密性原则

保密性原则是指学前儿童心理健康教育过程中,教育者有责任对学生的个人情况以及谈话内容等予以保密,学前儿童的隐私权应受到道德上的维护和法律上的保障。

在心理健康教育过程中,尤其是个别教育与辅导过程中,教育者有责任、有义务对幼儿及其家长的相关信息进行保密,并不得对外公布幼儿的姓名,拒绝任何关于对幼儿的调查,尊重幼儿的合理要求等。

在学前儿童心理健康教育中贯彻保密性原则要求如下。

(1)尊重学前儿童的人格,尊重学前儿童的合理要求。教师应积极鼓励学前儿童建立其与自己相互信任的心理基础,尊重他们的合理要求,鼓励他们勇于表达。

(2)学前儿童的所有资料和信息绝不应作为社交闲谈的话题。

(3)教育者应设立健全的保管系统来确保当事人档案的保密性。

(4)教育者应避免有意无意地以个案举例,来炫耀自己的能力和经验。

(5)教育者所作的个人记录,不能视为公开的记录,不能随便让人查阅。

(三)主体性原则

在教育教学活动中,学生是教育教学活动的主体,在学前儿童教育中也不例外,学前儿童是幼儿园教育的主体,教师在教育教学过程中,应以学前儿童为主体,所有工作要以学生为出发点,把教师的教育与辅导和学生的积极主动参与真正有机地结合起来。

心理健康教育的目的首先在于促进学前儿童成长和发展,而成长和发展从根本上说是一种自觉和主动的过程,如果学前儿童没有主动意识和精神,那么针对学前儿童的心理健康教育就成为一种强制性行为,变得毫无意义,心理健康教育应该贯彻主体性原则。

学前儿童心理健康教育的主体性原则要求如下。

(1)要尊重学前儿童主体地位,发挥学生的主体作用,鼓励学生自我选择和自我指导,不能采取强制手段,不能代替学前儿童做决定和解决问题。

(2)心理健康教育工作和活动要从学前儿童的实际状况和需要出发,以学生现实生活中存在的问题为基准,加强学前儿童对实际生活和问题的认知与处理能力。

(四)全体性原则

全体性原则是指学前儿童心理健康教育要面向幼儿园的全体学生,所有幼儿园的学前儿童都是心理健康教育的对象和参与者,心理健康教育的设施、计划、组织活动都要着眼于全体学前儿童的发展,考虑到绝大多数学前儿童的共同需要和普遍存在的问题。

学前儿童心理健康教育的主要任务和工作重点,是努力提高学前儿童的心理健康水平和心理素质,唯有以全体学前儿童为服务对象,才能实现教育目标。

学前儿童心理健康教育的全体性原则要求如下。

(1)所有心理健康工作的出发点都要有利于促进学前儿童的发展和成长。

(2)教育者要了解和把握所有学前儿童的共同需要,以及普遍存在的心理健康问题。

(3)对所有学前儿童一视同仁,最大限度让尽可能多的学前儿童参与所有教学活动。

(五)差异性原则

差异性原则是指学前儿童心理健康教育要关注和重视学生的个别差异,根据不同学生的不同需要,开展形式多样的、针对性强的心理健康教育活动。

受各种因素的影响,个体与个体之间存在客观差异,学前儿童也不例外,他们拥有自己的个性特点,学前儿童心理健康教育不是要消除学前儿童的个人特点与差异,相反是要使学前儿童的差异性、独特性以最合适的方式完美地展示出来。尊重学前儿童的差异。

在学前儿童心理健康教育中贯彻差异性原则,应做到以下几点。

(1)区别对待不同学前儿童,灵活运用心理健康教育的原理和方法、手段,充分考虑学前儿童个性特征等。

(2)了解学前儿童的个别差异,如年龄(月龄)差异、性别差异、动作发展差异、思维差异、对爱的需求差异等。

(六)发展性原则

发展性原则是指学前儿童心理健康教育应充分体现教育的预防、矫正、发展功能,用发展的眼光来看待每一个幼儿,最大限度地发展学前儿童的潜能。

具体在学前儿童的心理健康教育中坚持发展性要求如下。

(1)坚持预防和发展相结合,在对学前儿童进行心理健康教育时应将预防与发展有机结合起来,明确发展是学前儿童心理健康教育的出发点和归宿。

(2)坚持尊重与发展相结合。要尊重每一个孩子,鼓励他们战胜困难,端正心态对待每一个学生,不要苛求每一个孩子。

三、学前儿童心理健康教育的内容

(一)教会学前儿童正确表达情绪情感

1. 调整认识

学前儿童的情绪反应具有一定的强度和持久程度,但具体程度如何,与学前儿童自身对事件和事物的认知、刺激接受与理解程度有关。对于同一情境或刺激,不同的学前儿童可以产生很不一样的情绪反应。例如,两个儿童为争夺玩具发生殴打,老师对他们进行了批评,一个儿童只产生了轻微的不快,而另一个儿童则表现出极度不安,这种差异化表现正是因为儿童对老师批评的认识和评价不一样而产生的。

教师和家长应努力帮助儿童提高对外界情境和刺激的认识水平,让儿童懂得哪些要求是合理的,哪些目标是能够达到的,引导儿童遇到不高兴的事情时,不大哭大闹,采用适当的方法向亲近的人表达情绪情感。

2. 合理疏泄

弗洛伊德研究并充分肯定了合理疏泄对维护心理健康的价值。在对学前儿童进行心理健康教育时,应鼓励孩子合理宣泄不良情绪。家长和教师要让儿童有机会尽情地倾吐自己内心的体验,或设置冲突的情境让儿童通过想象表述自己的感受。

3. 教给对策

家长和教师要培养儿童适应环境的能力,指导儿童学习积极、主动地应对各种问题,与环境及自身保持心理平衡。具体来说,可以教会学前儿童用转移的方式消除不良情绪,或在遭遇到冲突或挫折时将心中的感受告诉家长和教师,寻求同情和安慰。

(二)教会学前儿童学习社会交往

1. 感知和理解他人

皮亚杰(Jean Piaget)研究指出,年幼的儿童是以自我为中心的,儿童与他人相处的过程就是学习克服自我中心、学习考虑别人的思想和情感的过程。

健康的人际关系是乐于交往,接触他人时持积极态度,能够理解和接受别人的思想感情,也善于表达自己的思想感情;在交往中既能取悦于人,也能愉悦自己。

在幼儿园的心理健康教育中,教师应鼓励学前儿童向他人表露自己的情绪情感,使学前儿童通过相互表达、讨论,了解和认识他人的情感,具体教学方法实施上可以通过让学前儿童扮演各种角色,丰富学前儿童的生活经验,帮助学前儿童理解别人的情绪情感,感受和认识外部世界。

如果某一个儿童不能体谅、忍让、尊重和帮助他人,而总是欺辱、怨恨、敌视小伙伴,攻击行为较多,那么就应考虑他是否产生了心理不健康的问题。

2. 学会分享与合作

研究表明,儿童的利他行为可以通过学习而获得。教师可以通过言语评论赞扬、树立榜样促进儿童的利他行为,但是注意不要依靠外部力量迫使儿童这样做,注意激发儿童内部行为动机,如为儿童准备尽可能多的玩具和材料,当儿童的需要得到满足以后,他们就会自愿分享。

儿童的合作行为有助于儿童的良好人际关系建立,教师应为儿童提供一起工作、共同完成任务的机会,如游戏时缺少某种物品或想玩别人的玩具,要学会与同伴协商。

3. 认识和接受自己

正确认识和接受自己是学前儿童建立良好人际关系的一个前提。

心理健康者能动态地观察各种社会现象的变化以及这些变化对自己的要求,以便更好地适应社会生活。如果发现自己的需要、愿望与社会要求发生了矛盾和冲突,就要及时修改计划,以和外界协调一致,而不是逃避。

健康的人格特征是有机统一的、稳定的,即他所想的、说的、做的是统一的。判断一个人的人格健康状况,有一条标准是个人自我接受的情况,即在自知长处和弱点的基础上,避免自卑或虚荣,轻松、积极面对自己。

学前儿童的自我认识和评价往往带有主观色彩,较多的儿童表现出对自己的过分自信,少数的儿童对自己有过低的评价。对于前者,教师对他的评价可比实际状况略低一些,帮助儿童正确认识自己和评价自己;对于后者,家长和教师应尽早进行干预和教育,帮助儿童建立符合本身情况的目标。

(三)培养学前儿童的良好生活习惯

良好的生活习惯有益于儿童的情绪保持稳定,否则就会导致儿童的心理紧张。因此,学前儿童的心理健康是与生活习惯密切相关的,家长和教师应指导儿童通过反复实践,形成有益于心理健康的良好行为习惯。

1. 有规律的日常生活

学前儿童的日常生活包括按时睡眠、起床、饮食、排便以及室内外的活动等。良好的日常生活习惯是保证儿童健康成长的需要,家长和教师可结合图片故事或案例,让学前儿童按时睡眠、按时进食、按时活动和按时排便等。

2. 良好的卫生习惯

良好的卫生习惯包括以下内容。
(1)勤理发、勤剪指甲、勤换衣服、勤洗澡。
(2)饭前便后洗手、吃东西前洗手。
(3)不抠鼻子、不挖耳朵等。
家长和教师应让学前儿童懂得,个人卫生有助于自身健康,也是尊重别人的表现。

(四)关注和正视学前儿童的性教育

在我国,对儿童的性教育长期以来是处于忽视的状态的,这对于儿童的身心健康是不利的,现代学前儿童心理健康教育应重视儿童的性教育。

研究表明,5岁前是性教育的关键期,儿童早期形成的性观念和性准则,是成人明确的性概念和性信念的前身,应关注学前儿童对于性角色的认同和合理传播性知识。家长和教师在给孩子起名、买玩具、买衣服,与儿童交流、对儿童的期望应该有性教育意义,同时对于学前儿童提出的"我是从哪来的""为什么××站(蹲)着小便"基于正确的回答和平静的态度,即便是不方便回答可转移儿童注意力,切忌神秘地压制和哄骗儿童。

(五)预防儿童心理障碍和异常行为

教师应依据学前儿童心理健康标准,通过调查、观察和诊断等方法,及早发现学前儿童的各类行为问题、心理障碍等,确定问题的性质,及时采取有针对性的措施,及早干预、教育,促进学前儿童的身心健康发展。

第二章 认识发展：学前儿童的认知教育

鉴于学前儿童的特殊身心发育特点，对其认知能力进行有效研究显得很有必要。这关乎到学前儿童认知能力的提升和发展，是儿童家长非常关注的方面，在实际当中有着十足的实践性。为此，本章就从记忆、感知觉和注意三个方面对学前儿童的认知能力发展情况进行研究。

第一节 记忆与学前儿童的心理健康

一、记忆的概念

记忆是人脑对过去的一种经验上的反映。这里所说的"过去经验"主要是指此前曾经经历过的事情，这种经验也可以是曾经感知过的事物，如过去学过的知识、去过的地方、思考过的问题、体验过的情绪等。这些经历中的很多内容都会在人脑中留下痕迹，且有一部分还可以在需要的时候"调用"出来，这就是记忆。举个例子来说，许多幼儿园小朋友在听过一个故事后，还能简单进行复述，这就是记忆的最直观的表现。

记忆就是一种认知，其过程较为复杂。一个完整记忆的过程包括识记、保持和回忆三个环节，每个环节之间有紧密的联系。首先，识记和保持是回忆的前提，回忆是前两个环节的结果。简单说,"记"是"忆"的前提,而"忆"是"记"的结果,如果"忆"不出来,只能说明之前的"记"的工作没有做好。

二、记忆的分类

(一)根据记忆的内容分类

由于所记忆的内容不同,可以以此作为对记忆分类的依据,从而将记忆分为形象记忆、逻辑记忆、情绪记忆和运动记忆四种。下面具体解释每种记忆。

1. 形象记忆

形象记忆是对感知过的事物形象的记忆。形象记忆往往是较为直观的看到某物的形态后获得的记忆,如人们在看到了某幅画后,这幅画的内容就"印刻"在了大脑中,这就是形象记忆。当然,这是通过视觉来获取形象的,此外这种形象还可以通过听觉、味觉、嗅觉来实现。

2. 逻辑记忆

逻辑记忆是以概念、判断、推理等抽象思维为内容的记忆。例如,在研究心理学、经济学、哲学时人们对其中非客观实物的内容进行的记忆就属于逻辑记忆。逻辑记忆的显著特点为所记忆的内容基本是通过语词符号表达出来的,而非真实见到了实物获得的记忆。由此,逻辑记忆也被称为"语词—逻辑记忆"。

3. 情绪记忆

情绪记忆顾名思义就是已体验过的某种情绪的记忆。例如,在儿童时期孩子对于接种疫苗这件事情会感到紧张,这种紧张的情绪感觉甚至会伴随他们很长时间。

4. 运动记忆

运动记忆是指那些以动作形态为内容的记忆。举例来说,当人们学习一套武术动作时,通过单个动作的学习,最终将其一一组合起来成为成套动作,这就是运动记忆发挥作用的结果。这类记忆在最初的识记阶段是有些困难的,然而一旦记住的话则很容易保持住,不易遗忘。

在人们的实际生活中,人们的记忆总是以上述四种形态获得的。在记忆的时候,往往会通过至少两种形态的参与才能更好地记忆。需要提到的一点是,尽管每个人的记忆形态都有这四种,但在具体的运用之时却不见得一定平均应用这四种形态,即人们在记忆事物的时候会由于自身的习惯或发展程度的差别更加擅长使用某种记忆形态。例如,有些人逻辑思维占优势,如数学家,而舞蹈家则动作记忆占优势地位,画家则是形象记忆发展得最好。

(二)根据记忆保持时间长短分类

如果以记忆保持时间的长短作为区分依据的话,可以将记忆分为瞬时记忆、短时记忆和长时记忆三种。

1. 瞬时记忆

瞬时记忆是个体通过视觉、听觉、嗅觉、触觉等感觉器官感觉到刺激时所引起的短暂记忆。之所以称之为瞬时记忆,就在于这种记忆的时间非常短暂,通常只有 0.25—2 秒。由于是瞬时的记忆,因此通过这种记忆获取的信息一般是未加工的原始信息。

2. 短时记忆

短时记忆是所获得的信息在头脑中储存时间少于 1 分钟的记忆。例如,人们对短信验证码的记忆就属于短时记忆,一旦这个验证码输入手机成功后,人们大多便不再记得这个号码。

3. 长时记忆

长时记忆,顾名思义就是那些能够维持 1 分钟及以上时间的记忆,其信息来源大部分是短时记忆经过加工和重复的结果。长时记忆的内容通常是人们将短时记忆的内容经过筛选后再进行保存后获得记忆。有些长时记忆的时间是几十年甚至一辈子。长时记忆存储的信息数量无法划定范围,只要每项信息都能时不时地得到重温以及合理的信息整合,就可以把信息一直保存在记忆中。

三、学前儿童记忆发展的特点

(一)3 岁前儿童记忆的发生与发展特点

有研究证明,3 岁前的儿童是有记忆的,甚至出生刚一周的婴儿就已经有了记忆,这体现在他们可以通过嗅觉来辨认母亲或其他人的气味。

由于个体差异的原因,每个人的记忆及记忆方式会有所不同,记忆的发展也有特定的时间顺序。通过研究可知,人的运动记忆是较早出现的,早到出生后第一个月就可以出现。第二出现的是情绪记忆,在出生后前六个月或更早些出现。第三出现的是形象记忆,但这种记忆的出现时间可能仅比言语记忆早一点点,远远晚于运动记忆和情绪记忆。最后出现的是言语记忆,它出现的时间通常为出生后的第二年。

通过分析众多婴幼儿的记忆数据可知,儿童在 3 岁前的记忆会带有明显的情绪色彩,也就是说他们对那些能够引发他们强烈情绪反应的事物会记忆得更加深刻和直接,如第一次去动物园看大象。此外,3 岁前儿童的记忆内容在头脑中保持的时间相对较短,且随意性很强,那些他感兴趣的事物就容易记住。

(二)3—6岁儿童记忆发展特点

儿童在进入幼儿阶段后神经系统日益发育成熟,这一阶段中他们的语言表达能力也突飞猛进。再加上各种生活经验的丰富,这些都带动了他们记忆力的提升。3—6岁儿童记忆发展的特点具体有如下表现。

1. 无意记忆为主,有意记忆开始萌发

总的来说,在幼儿期阶段,幼儿的心理活动普遍更趋向为无意的,因此对他们的记忆来说也就带有更强的无意色彩。在实际当中,他们对于成人对他们要求的记忆活动的任务不能很好胜任,更不用提他们主动要求承担某项主动记忆的任务。这一阶段,幼儿所获得的知识、经验大多是在日常生活和游戏中无意获得的,这种无意记忆的效果会随着年龄的提高而增长。其主要受以下因素的影响。

(1)客观事物的性质。容易成为幼儿无意注意对象的事物往往是那些较为直观的、具体的、形象的、鲜活的事物,其原因就在于这类事物基本具备突出的物理特点。举例来说,色彩鲜艳、形象灵动的动画片深受幼儿群体的喜爱,甚至许多幼儿只看了一遍就能将其中的人物形象或故事梗概描绘出来。

(2)客观事物与主体的关系。与幼儿生活有着紧密关联的事物也是他们容易记住的事物,即那些符合幼儿兴趣的、能激发他们获取强烈情绪体验的事物。

(3)记忆事物成为幼儿活动的对象或结果。当需要记忆的事物成为幼儿活动的对象或结果时,也会让幼儿非常容易地记住。

幼儿有意记忆的发展时间通常为学前中期,能够明显显现出来则是他们四五岁的年龄时。之所以如此,主要是因为在这个时期语言开始对幼儿的行为产生了较大的控制作用。等幼儿到了五六岁时,他们的有意记忆的发展更为显著,这种变化可谓是一种质变。在获得了这样的质变后,幼儿可以更有效地调取所需的记忆,而且还能使用简单的记忆法,如朗读或重复做动作等。举个很有代表性的例子来证明幼儿有意记忆的情况,幼儿园中大班的幼儿已经具有了边听边重复的能力,而且在他们对内容出现遗忘的时候还会主动请求老师给予提示。老师教幼儿背诵儿歌是幼儿园教育中的重要内容之一,而到了中班或大班后还会增加讲故事的内容,并要求幼儿能够复述听到的故事。不仅如此,在班级交流的活动中,让幼儿回忆周末去了哪里,玩了什么有趣的游戏等,也是促进幼儿有意记忆发展的方式。虽说是有意识的记忆,但这些在一开始也都是以被动的形态出现的,如记忆的任务是由成人提出的,经过一段时间的锻炼后再慢慢过渡到幼儿通过自己的能力自己确定识记任务,即采取主动的记忆。对于有意记忆的效果来说,一般会受到如下几个因素的影响。

(1)对记忆任务的意识。例如,在幼儿园中安排模拟商店的游戏,将幼儿分成买家和卖家两组,扮演买家的角色就需要记住应买物品的名称,而卖家则需要记住每种商品的价格。这种角色扮演游戏将需要记忆的任务给予幼儿,引导他们努力去记忆。事实证明,用这种方法来锻炼幼儿记忆能力的效果是较为明显的。

(2)活动动机。研究表明,活动动机对幼儿的有意记忆的效果会产生影响。一个实验显示,如果告知一个幼儿要做一个关于记忆的实验,要求他们完成某项记忆任务,则会因幼儿对实验毫无兴趣感而造成较差的记忆效果。而如果将实验融入游戏中,则恰恰会使幼儿因为对游戏的兴趣而产生强烈的情绪反应,此时他们的有意记忆的积极性和记忆状态都是较为良好的,其效果也自然强于实验效果很多。

(3)强化。幼儿在生活中完成某项任务的过程中,由于其正确识记和回忆等行为往往可以得到成年人的鼓励或某种集体强化,相比于游戏的话会得到更明确的方向性引导。因此,强化的作用甚至会好于从游戏中带来的有意记忆的效果。

2. 机械记忆为主,意义记忆为辅

幼儿阅历尚浅,其经历的事情并不多,因此他们的抽象思维欠佳,并不能在许多事物之间建立联系,更不用说通过事物之间的联系来达成记忆行为了。此外,这个年龄段的幼儿学习的文字和词汇也较少,即便是有一些有趣的思维,也难以用语言或文字表达出来。如此一来,这个阶段中的记忆往往采用死记硬背的机械性方法。如此突出体现在即便有些幼儿能够背诵很多诗词,但他们实际上并不完全理解诗词的含义,这点特别是小班的幼儿表现得格外明显。他们在学习儿歌、识记歌词时,往往都是凭借儿歌和歌词的音调进行机械的模仿来识记的。鉴于此,幼儿教师在教学中就要抓住这一特点,关注幼儿的吐字发音情况,力求清楚、准确,以免幼儿坚持错误的识记。

虽然幼儿在日常中主要利用机械的方式来记忆事物,但这并不代表通过意义进行的记忆方式就不存在。更多的事实指向为,幼儿在 4 岁以后的记忆过程中已经可以适当对识记材料中的一些内容进行理解性改造。例如,幼儿在复述一篇自己经常看的故事时,他们不是逐字逐句背诵的,而是还会对故事或多或少地进行一些加工,如用熟悉的词语替换不熟悉的词语,对模棱两可的内容予以省略,或是对一些故事细节有所变动等。这些事实都足以说明幼儿的意义记忆开始发展,而这种记忆方式的效果的确也比机械记忆更为理想。

例如,在一项关于测试幼儿意义识记和机械识记的实验中,实验者安排了两套图片,每套图片 10 张,一套为不规则图形,另一套为水果、动物等常见物体,然后分别以速示器依次向幼儿呈现,呈现前告知他们识记要求,事后则要求幼儿在 1 分钟内再现。实验结果显示,幼儿对自己熟悉和理解的常见物体的图片正确再现的百分数普遍高于那些不熟悉的形状(表 2-1)。由此也再度印证了日常中,幼儿对那些熟悉的事物记忆得更深刻。例如,儿歌比唐诗更容易记忆;"雪白""天蓝""火红"等词语相比"洁白""蔚

蓝""赤焰"更容易记忆。

表 2-1　不同年龄幼儿意义识记和机械识记图片的百分数(%)比较

年龄(岁)	意识识记 (常见物体)	机械识记 (无意义图形)	比率
4	47	4	11.75∶1
5	64	12	5.33∶1
6	72	26	2.77∶1
7	77	48	1.60∶1

实际上,对幼儿来说,他们的记忆活动中同时存在机械记忆和意义记忆两种方式,在面临记忆任务时,两者是相结合发挥作用的,彼此的联系非常紧密。当幼儿面对那些较为生疏的记忆内容时,为了记忆更快则推崇机械记忆的方式,而对那些已经熟悉的事物,则可更多通过意义的方式来记忆。不过具体如何应用还要看各种条件以及当时的识记任务而定,所以,任何将这两种记忆方法对立的观点都是不正确的。起初面对不熟悉的新事物时,要想记忆的确需要机械记忆的方式,但后来的继续提高则绝对需要意义记忆法,这是帮助幼儿理解识记对象,尽量使幼儿在理解的基础上识记,提高记忆效率的好方法。

3. 幼儿的形象记忆占优势,词语逻辑记忆逐渐发展

记忆有运动记忆、情绪记忆、形象记忆和语词逻辑记忆等类型。

在幼儿时期,上述四种记忆的能力都处于发展之中,但每种记忆类型的发展速度并不相同。其中形象记忆的发展速度最快,通过形象的方式也最容易让幼儿记住事物。然后幼儿还更容易记住一些事物的名字、事物的形象和行动的语词材料,而对那些不能看到实物的事物则最难记住。

为此,特设计了一个实验来揭示幼儿形象记忆和语词记忆的效果。实验的方法为让不同年龄段的孩子分别识记 10 张画有物

体形象的卡片和 10 个词,实验结果见表 2-2。

表 2-2　幼儿形象记忆与语词记忆的比较(一)

年龄(岁)	平均再现量		
	物体形象	词语	两种记忆效果比较
3—4	3.9	1.8	2.1∶1
4—5	4.4	3.6	1.2∶1
5—6	5.1	4.3	1.1∶1
6—7	5.6	4.8	1.1∶1

实验结果表明,幼儿对于识记物体的形象的效果远远好过对词语的记忆,越小年龄的幼儿这种差异就越大。另外,幼儿形象记忆与语词记忆的能力都随年龄的增长而提高,但是语词记忆发展得更快,表现为两种记忆的效果的差别随着年龄增长而逐渐缩小。

此外,还有研究表明,幼儿记忆熟悉的事物和熟悉的词的效果均比记忆生疏的事物和生疏的词的效果好,对比结果见表 2-3。

表 2-3　幼儿形象记忆与词语记忆的比较(二)

年龄(岁)	平均再现量			
	熟悉的物	熟悉的词	生疏的物	生疏的词
4—5	4.3	2.4	1.9	0.1
6—7	6.1	4.0	3.7	2.1

四、记忆对学前儿童发展的作用

处于学前阶段的儿童,其记忆能力是先天获得的,这为他们日后搭建起一个丰富的心理世界创造了必要的条件。在目前许多对学前儿童心理问题的研究中,都能显现出幼儿经验和记忆在其中的重要作用,这些经验的积累就完全需要依赖于记忆。可以想象如果没有记忆,则幼儿学到的东西便会立刻忘记,更不会从诸多事物中发掘规律和联系,也就无法积累日常生活经验,形成独特的个性。可见,对于学前儿童来说,记忆能力的重要性。下面就具体阐述记忆对学前儿童发展的几项作用。

(一)记忆对学前儿童知觉发展的影响

记忆的产生依赖知觉,反过来人的知觉发展也离不开记忆。这是因为知觉的形成和发展依赖个体经验的积累,经验的积累就需要记忆。例如,幼儿客体永久性的认识,就表明他们已经有了表象记忆,即便所想象的物体他并没有真的看到,但物体的表象却印刻在了幼儿的大脑中。可以想见,如果没有记忆,幼儿只要看不到物体就认为不存在,那经验的积累将会是何等难的事情。此外,还有知觉恒常性的形成以及幼儿对熟悉事物的偏爱,这些思维的建立仍旧离不开记忆。

(二)记忆对学前儿童想象和思维发展的影响

记忆对学前儿童想象和思维发展的影响主要体现在以下两点。

第一点,记忆是学前儿童的思维和想象的基石。只有通过记忆,才能把知觉、思维和想象结合起来,联系起来,才能让儿童把感觉、知觉到的经验利用思维进行加工。如果没有记忆,那么就没有对象供想象和思维来创造。

第二点,学前儿童的想象和记忆往往是难以分割的,这也就是说幼儿的想象实际上并非是想象出来的,而只是一些记忆表象在其他情景中的移植。例如,一个2岁的男孩看见一个人做出了敬礼的动作,几天后他突然也做出了敬礼的动作。这种幼儿对所观察到的动作进行的再现既是一种记忆的展现,也是一种想象。

(三)记忆对学前儿童语言习得与发展的作用

学前儿童的语言学习非常依赖记忆,这种依赖主要体现在儿童对语言的模仿以及学习语词和语句上。既然是学习,首先都是从简单的模仿开始的,如感知语音,学着发音,然后将其中正确的语音发声方法记住,再到后来记住词语的含义;其次,儿童为了能够理解语言,就需要先记住别人的语言,然后在大脑中加以分析和理解;最后,要想完整表述一句话,儿童也要把前面已经说过的词语暂时记住,以此让语言的前后连贯起来。日常中,许多幼儿在说话时会表现出说了后面忘前面的现象,或是前后语言的表述并不连贯,这种情况就是幼儿言语活动与记忆联系不足的最直观体现。

(四)记忆对学前儿童个性特征形成和发展的影响

记忆会影响学前儿童的个性特征形成与发展。具体来说,这种表现体现在儿童的情绪情感的影响上。在记忆的前提下,儿童才能记住过往一些对情绪情感带来波动的事物。例如,与经验相联系的恐惧情绪(如看到老虎的嘶吼、打针的疼痛等)的形成表明,儿童往往会清楚地记得曾经给他带来恐惧的事物,并在那一时刻形成了深入意识和记忆的恐惧情绪。此外,儿童道德感、美感等情感的形成也离不开记忆,由此看来,记忆对儿童的个性特征形成和发展来说无疑是起到基础作用的。

五、学前儿童记忆力的培养方法

记忆力是众多认知能力中的一种,其是属于智力的一部分。人们往往认为那些有着出色记忆力的人也拥有过人的智力,并且有"过目不忘""博学强记"等词语来描绘记忆力超强的人。由此,人们就非常关注记忆力的提升,特别是对处于生长发育第一个高峰中的幼儿群体。提高幼儿的记忆效率,对于提高他们学前教育的教学质量和促进儿童的发展都具有重要意义。为此,经过不懈研究,特总结出了几种培养学前儿童记忆力的方法。

(一)教学内容具体生动,识记材料要形象且富有趣味性

研究已经揭示了幼儿阶段时儿童主要是进行无意记忆,即往往对那些能吸引他的、他感兴趣的和能引起其情感体验的事物的记忆效果最佳,反之则难以记忆。不仅如此,当记忆那些颜色鲜艳、情节生动的图片或儿歌时,伴随而来的还有他们产生的愉快心理体验,如此也就更使他们的记忆深刻。这也就是幼儿园教师在组织活动时会将更多的内容设计得更加生动、亮丽、活泼,且在活动组织时的语言也更加有趣的原因。如此不仅容易引起儿童的情感共鸣,还能加深记忆。

儿童的抽象思维往往较弱,为此,在这个阶段中要想教授一些抽象的知识内容,应该使用更加直观的表现方法,以此让抽象的内容略显具体一些,如使用一些较为活泼的玩具和教具来协助演示,或是借助某一客观事物为支柱,这些都是提高教学效率的好方法。举个具体的例子来说,对于数学中加减法的教学实际上是较为抽象的,一味空口讲解很难让儿童理解,此时就应该尽量结合教具演示、讲解,如学习2+2,可以拿出2个苹果,然后再拿出2个苹果的方式直观展现。这样一来大多数孩子都能很快理解加法的含义,再结合让儿童动手操作,效果更佳。除了学习数学外,美术、音乐等其他学科的教学也应恰当使用不同教具来增加儿童的理解力和记忆力。在学前儿童的教学实践中,实际的操作、实物的呈现和直接的感知效果要优于单纯的语言描述。

(二)帮助学前儿童进行及时、合理的复习

学前儿童的记忆保持时间普遍较短,记忆的精确性也相对较差,这就决定了他们很容易出现遗忘的情况。比如,当一个儿童在课堂上学会了一首新的儿歌,而如果几天内没有再度复习,这首已经记得的儿歌很快就会被遗忘。如此看来,要想巩固儿童的记忆成果,适时的复习是非常有必要的。根据艾宾浩斯遗忘曲线

所呈现出的遗忘"先快后慢"的规律,教师在教育活动中要经常复习过去学过的东西,而复习的时间点就是儿童即将遗忘之前,且一般说来,复习的次数越多,效果越好,当然为了保证教学的效率,每天复习也是不现实的,但起初频繁的复习是有必要的,然后则可以随着儿童记忆的深刻程度不断加深而逐渐减少复习的次数,复习的间隔也可以逐渐延长。

这里需要提到的是,除了要保证复习的次数和合理的复习间隔外,复习的方式也是非常讲究的。一个良好的复习方式是要做到灵活多变,尽量避免过多的机械重复。良好的复习方式有讲故事、念儿歌、场景表演、做游戏等,在这些灵活的方式下巩固儿童的记忆可以收到事半功倍的效果。而过多的枯燥机械性重复记忆则容易引起儿童大脑疲劳,如此反而会降低复习效率,甚至激发学生的抵触心理。另外,对于内容、性质相似的材料,在记忆和复习时都要交错进行,避免互相干扰,以便提高儿童记忆的正确性。

(三)帮助学前儿童理解识记材料

已经有很多研究表明,学前儿童意义识记的效果要好于机械识记。也就是说,如果能够让儿童对需要记忆的内容有更多的理解,那么他们对这项事物的记忆就越深刻,记得时间也就越长。鉴于此,在针对学前儿童开展的诸多教育活动中,教师就应该想方设法让儿童对内容予以理解,这就需要教师能够充分调动学生的思考积极性,尽力引导儿童发现事物之间的联系。如此一来,儿童便能更好地理解事物,以此作为基础才能更好地记忆。这样识记的效果不仅良好,而且儿童也不会感到太过枯燥。

(四)让儿童多种感官参与记忆过程

协调记忆的方法现如今也非常普遍运用在学前儿童的识记领域中。协调记忆法是在记忆过程中充分调动儿童的多种感官对识记内容予以感受,然后借由此形成的多类型表象,来与需要识记的对象在大脑中建立多方面联系,从而加深儿童对物体的记忆。为此,在针对幼儿的教育活动中,教师要充分利用多种形象的方式,让幼儿能够利用多种感官来感受事物,如让他们看一看、闻一闻、听一听、摸一摸、尝一尝等,以使这些感官体验都能够为最终的记忆服务,此外,这也更能激发幼儿思考的习惯以及提升动手能力,如此获得识记效果更为理想,记忆的维持时间也会更长。例如,在开展关于认识水的教学活动中,教师可以准备一杯水和一杯白醋,然后让儿童通过看、闻、尝三种方式感受两者的不同,最终形成对水及其他液体的概念并将其记住。如此教学方式定会比只是通过教师口头讲述得到的记忆效果更好。

为了证明儿童多种感官参与记忆过程会让记忆效果更为理想,特设计了一个实验。该实验为教师教授儿童一个故事,第一种方法为教师口头讲授,结果为多数儿童只能记住故事20%—30%的内容,要是确保他们能够记住全部故事则至少需要四五节课的时间。另一个老师采取的讲授方法为老师讲、孩子听并且跟着小声重复的方式,结果为儿童能记住30%—50%的故事,且大概经过三节课的时间就能基本完全记住故事。第三位老师采取的讲授方法为老师讲、儿童不但听和说,同时还尝试着表演故事中的内容,则他们最终能记住65%—80%的故事内容,所需课时也仅仅是两节课。由此可见,如果能在教学中更多地调动儿童的感官,使其投入记忆活动之中,就可以有效提升儿童的识记效果。

(五)教给学前儿童多种记忆方法

实践证明,儿童记忆能力的高低与记忆方法的正确使用有很大的关系。为此,教师在传授各种知识的同时,还应该注意传授一些提升记忆能力的方法。只有当儿童掌握了记忆的方法,才能从根本上获得记忆力的提升。常用的适合学前儿童的记忆方法主要有如下几种。

1. 比较记忆法

比较记忆法是对相似而又不同的记忆对象进行比较分析,

以此作为辅助记忆的方法。例如,在记忆猫和狗两种动物时比较它们的异同,如它们的叫声差异、体形差异等。通过比较,让儿童认识到事物的差异和共同点,会给他们对事物的记忆带来更多帮助。

2. 归类记忆法

归类记忆法是将许多属性相近的事物归为一类,将记忆材料整理成为有适当次序的材料系统,这样可以扩大儿童记忆的容量。例如,将对动物的记忆划分为"会飞的""会游泳的""会跑的"等;将对食物的记忆划分为"水果""坚果""饮料"等。进行如此的分类后,更加方便儿童的记忆。

3. 整体记忆法和部分记忆法

整体记忆与部分记忆的区别在于,整体记忆是将记忆材料以整体为单位进行记忆的方式,而部分记忆则是将整体记忆材料合理划分为几个部分,采取一部分一部分逐个记忆的方式,最后合成整体记忆。

如果需要记忆的材料数量不多,则使用整体记忆更为方便。而如果需要记忆的内容较多时,再加上是面向儿童的,就应采取部分记忆的方式更为理想。如果记忆材料恰当的话,也可以采取两种方式相结合来记忆。

4. 联想记忆法

联想记忆法是利用记忆对象与客观现实的某种联系,建立多种联想而进行的记忆。例如,在给学前儿童讲授"国家"和"世界"这两个概念时,由于所讲事物过于抽象,没有客观事物来表现,此时就可以采用空间上的联想方法,如"国家小""世界大",进而引申出更多的单位,如众多街道构成了区,众多区构成市,众多城市构成省,众多省构成国家,众多国家构成了世界。

第二节 感知觉与学前儿童的心理健康

一、学前儿童感知觉概述

(一)感觉的概念

学前儿童所处的时期是重要的知识积累时期。为了加快这一积累的速度,就需要在日常生活中多多接触客观事物,认识到每种事物的各种属性。当一个事物呈现在人们面前时,事物连带的本质属性也会给人的各种感觉器官以刺激。当人的感觉器官受到刺激后便会传至大脑,大脑就开始对事物的某种属性做出反映,这就是感觉。

感觉是人脑对直接作用于感觉器官的客观事物的个别属性的反映。举例来说,当一只小猫出现在人们眼前时,通过眼睛可以知道它的形态,通过鼻子可以闻到它的味道,通过触摸可以感受到它光滑的毛,这些都是猫的个别属性,人们的头脑接受并加工了这些属性,从而也更加认识这一属性。

这里还需要说明的是,感觉可以反映客观事物的个别属性,此外它还能反映机体本身的状况。例如,当人患感冒后发烧、流涕,身体感觉很难受,而在吃了药之后会感觉状况好一些;而在长时间未进食的状态下,便会感觉到肚子饿。这些都是感觉对机体本身状况的一种反映。

(二)知觉的概念

通过上面的内容可知,事物的本质属性并非只有一个,而是由多种属性有机结合后才构成一个人们熟知的整体。例如,当一只小猫出现在眼前时,人们并不需要一定完成看到形态、听到声音、闻到气味等几项事情后才判断这是一只猫,而只要在看到它的形态的瞬间就能联想到其他属性了,这种反映就叫知觉。由此可以说,知觉是人脑对直接作用于感觉器官的客观事物的整体的反应。

(三)感觉和知觉的关系

感觉和知觉这两者间是有着紧密的联系的,当然两者间也有差别。具体阐述如下。

1. 感觉和知觉的区别

感觉与知觉的区别在于感觉反映的是事物的个别属性,而知觉则反映的是事物的整体。

2. 感觉和知觉的联系

对于人类认识事物来说,感觉和知觉都属于认识的初级形式,它们都是人脑对直接作用于感觉器官的客观事物的反映。如果客观事物不存在了,则无论是感觉还是知觉都不会产生。而对于感觉和知觉两者间的关系,则可以通过如下论述来辨析。

(1)感觉是知觉的基础。事物本身是由众多属性组合而成的,因此,反映事物整体的知觉也就是反映事物个别属性的感觉在头脑中的有机结合。要想能够知觉到事物的整体,就必然要全面感觉事物的个体属性,这种感觉越具体、越细致,知觉整体的能力就越准确。由此看来,感觉就成为知觉的基础,没有感觉也就没有知觉。

(2)知觉是感觉的深入和发展。事物的个别属性是构成整体的必要部分,在一个事物的整体中,个别属性的存在是有稳固性的。由此就使得人们一经感觉到事物的某一个个别属性后,在知觉的作用下很快就能分析出该事物的整体情况。例如,颜色一定是附着在某个物体之上的,人们并不能在脱离物体的情况下谈论颜色,如此也就是说,当人们在谈论颜色的时候,实际上已经看到了物体的形态。这个事例说明了人们在生活中对事物的觉察更多是以知觉的形式反映的,感觉只是作为知觉的组成部分存在于知觉之中,很少将某种感觉孤立起来,知觉是感觉的深入理解和发展,这也就是人们常把感觉和知觉并为一谈,称之为"感知觉"的原因。

需要强调的是,知觉还包含其他一些心理成分,比如在人们的知觉中还会掺杂一些过去经历的经验以及个人的心理倾向性。正因为这点,才使不同的人在面对同一事物时会得出不同的反馈。例如,同样是看到一头牛,动物学家知觉它是很好的动物行为学研究对象,服装生产者知觉它的皮是很好的材料,而厨师则知觉它身上哪部分的肉更美味。

二、感觉和知觉的分类

(一)感觉的种类

对于感觉的分类主要有两种,一种是外部感觉,另一种为内部感觉(表2-4)。

表2-4 感觉的种类

种类	感觉种类	适宜刺激	感受器	反映属性
外部感觉	视觉	可见光波	视网膜的视锥细胞和视杆细胞	黑、白、彩色
	听觉	可听声音	耳蜗的毛细胞	声音
	味觉	溶于水的有味的化学物质	舌上味蕾的味觉细胞	甜、酸、苦、咸等味道
	嗅觉	有气味的气体物质	鼻腔黏膜上的嗅细胞	气味
	肤觉	机械性、温度性刺激,伤害性刺激	皮肤和黏膜上的冷、痛、温、触点	冷、痛、温、触、压

续表

种类	感觉种类	适宜刺激	感受器	反映属性
内部感觉	运动觉	肌体收缩、身体各部分位置变化	肌肉、肌腱、韧带、关节中的神经末梢	身体运动状态、位置的变化
	平衡觉	身体位置、方向的变化	内耳、前庭和半规管的毛细胞	身体位置变化
	机体觉	内脏器官活动变化时的物理化学刺激	内脏器官壁上的神经末梢	身体疲劳、饥渴和内脏器官活动不正常

外部感觉是个体受到外界刺激引起的,感受外部刺激的感受器均在体表或靠近体表的区域,包括视觉、听觉、嗅觉、味觉、触觉等。在众多感受器中,眼睛和耳朵的作用最大。有研究显示,人通过视觉和听觉获得的外界信息占全部感受器接受信息量的90％以上。

内部感觉是由机体内部发生变化所引起的,这种感觉更多反映出人的身体位置、运动状态和内脏器官及其变化特征等。内部感觉的感受器位于人体内部,主要有运动觉、平衡觉和机体觉。

(二)知觉的种类

以不同依据可以将知觉进行分类。如以分析器作为知觉依据的话,可以将知觉分为视知觉、听知觉、嗅知觉、味知觉和肤知觉等。而如果以知觉对象为依据,则可以将知觉分为物体知觉和社会知觉。其中物体知觉包括空间知觉、时间知觉和运动知觉;社会知觉包括自我知觉、对他人知觉以及人际关系知觉。

三、学前儿童感知觉发展的特点

(一)学前儿童感觉的发展

1. 视觉

(1)视敏度

视敏度也叫视觉敏锐度,是指幼儿分辨细小物体或远距离物体细微部分的能力,也是人们通常所说的视力。

研究表明,在整个幼儿期,儿童的视觉敏锐度在不断提高。研究者对 4—7 岁的幼儿进行视敏度调查:在不同年龄段幼儿面前出示同一画有缺口的圆形图,让幼儿站在一定距离观看,测量幼儿刚能看出缺口的距离。得到的结果是:4—5 岁幼儿平均距离为 207.5 厘米,5—6 岁幼儿平均距离为 270 厘米,6—7 岁幼儿平均距离为 303 厘米。如果把 6—7 岁幼儿视觉敏锐度的发展程度假设为 100% 的话,那么,4—5 岁幼儿为 70%,5—6 岁幼儿为 90%。可见,视觉敏锐度随着年龄的增长而不断提高,但不同年龄段发展的速度不均衡,5 岁是视觉敏锐度发展的转折期。

根据幼儿视敏度发展的特点,教室的采光要充足,桌椅的高度要考虑孩子的身高,幼儿上课时与图片或者实物距离要恰当,在制作教具、图片时,对于年龄越小的幼儿,文字、图画要大些,这样才会有利于幼儿视觉敏锐度的发展。

(2)颜色视觉

颜色视觉是指区别颜色细致差别的能力,又称为辨色能力。幼儿期,颜色视觉继续发展,对颜色的辨别和掌握颜色名称结合起来。幼儿初期,已能初步辨认红、橙、黄、绿、蓝等基本色,但在辨认混合色和近似色时,往往较困难,也难以说出颜色的正确名称。幼儿中期,大多数能认识基本色、近似色,并能说出基本色的名称。幼儿晚期,不仅能认识颜色,而且在画图画时,能运用各种颜色调出需要的颜色,并能正确地说出混合色和近似色的名称。

根据丁祖荫、哈永梅于1983年进行的幼儿辨色能力的研究,曾得到以下结果。

①幼儿正确辨认颜色的百分率和正确辨认颜色数,随年龄增长而提高。

②幼儿正确辨认颜色的百分率,因年龄不同、颜色不同、辨认方式不同而有差异。

③幼儿辨认颜色主要在于能否掌握颜色名称,如果混合色有明确的名称,如淡棕、橘黄,幼儿同样可以掌握。

④幼儿辨认颜色所以发生错误,可能由于辨认颜色能力没有很好发展,也可能由于注意力不集中、不认真仔细区分辨别等原因。

⑤幼儿对于某些颜色,如天蓝、古铜等,不能辨认或不善于辨认,并非完全由于缺乏辨色能力,主要是由于在生活中接触机会少,成人也没有做有意识的指导。

幼儿颜色视觉的发展,离不开生活经验和教育。研究表明:幼儿颜色视觉的发展,主要在掌握颜色的名称。所以,研究者建议在教育中要注意指导幼儿掌握明确的颜色名称;通过近似色的对比指导幼儿辨色;使幼儿多接触各种颜色,并经常教育幼儿作精确的辨认。

2. 听觉

(1)听觉感受性

听觉感受性包括听觉的绝对感受性和差别感受性。绝对感受性是指幼儿分辨最小声音的能力。差别感受性是指幼儿分辨不同声音的最小差别的能力。幼儿的听觉感受性有很大的个别差异。有的幼儿感受性高些,有的则低些。但总的来说,幼儿的听觉是在生活条件和教育的影响下不断发展的,听觉感受性随着年龄的增长和训练的进行而不断完善。

(2)言语听觉

幼儿辨别语音是在言语交际过程中发展和完善起来的。幼儿中期，儿童可以辨别语言的微小差别；到幼儿晚期，儿童基本上能辨别本民族语言所包含的各种语音。

教师在幼儿语言教育中，应特别注意幼儿是否听得清楚，要及时发现幼儿在听觉方面的缺陷。例如，"重听"现象。所谓重听就是指幼儿对别人的话听得不清楚、不完全，但他们常常能根据说话者的面部表情、嘴唇动作以及当时说话的情境，猜出说话的内容。一般认为幼儿出现"重听"现象的原因主要有两个，一是幼儿的听觉器官（主要是耳）出现问题，导致幼儿听力上的缺陷；二是幼儿在听话时注意力不集中。这种现象往往不易被人们觉察出来，但它却对幼儿言语听觉、言语及智力的发展具有危害，因此，应当引起人们的重视，并且针对以上两种原因及时加以解决。一是经常对幼儿进行听力检查，及时发现幼儿的听力缺陷，做到早检查，早发现，早治疗。二是培养幼儿良好的注意力。幼儿年龄小，注意力容易分散，教师要想方设法排除各种影响幼儿注意力的干扰，同时用多种方法对幼儿进行听力训练，如复述故事、说话接龙、按要求补话等方法。做到了这两点，就可以逐步恢复幼儿的听力，"重听"现象就可以纠正。

3. 触觉

触觉是肤觉和运动觉的联合，可以使人在触摸中对物体的大小、形状、软硬、轻重、粗细、光滑、粗糙等属性进行感知，是幼儿认识世界的主要手段，对于人的认识过程、情绪的发展过程都具有重要的作用，对于人的视觉、听觉具有代偿作用。

儿童触觉的绝对感受性在很小的时候就发展起来了。触觉的差别感受性在幼儿期才开始发展起来。例如，在实验中，要求幼儿不看而用手去掂估物体的重量。其中4岁幼儿对物体重量的估计错误率大于90%，而7岁幼儿对物体重量的估计错误率只有26%。这说明幼儿的触觉得到了迅速发展。但不同年龄阶段幼儿运用掂量的方法不同，4岁幼儿运用同时比较的掂量法，而7岁幼儿可以采用先估计一个，再估计另一个的相继比较的掂量法。

(二)学前儿童知觉的发展

1. 空间知觉

人的空间知觉中包括形状知觉、距离知觉和方位知觉等三种子知觉。人的空间知觉相对较为复杂,要想获得准确的空间知觉需要依靠视觉、听觉、运动觉等多种分析器协同工作。幼儿的空间知觉并不完善,需要在大量活动和教育的影响下逐渐发展。幼儿空间知觉的发展除了要获取丰富的表象外,还要掌握许多与空间有关系的词。为此,在这一阶段中的教学可以更多安排绘画、手工等内容。

下面对空间知觉中的三种子知觉进行阐析。

(1)形状知觉

人的形状知觉简单说就是对客观实物形状产生的一种知觉。运动觉和视觉是主要的获得形状知觉的感受方式。对于幼儿来说,他们的形状知觉在一开始便有了较快的发展。研究显示,四岁到四岁半的幼儿是辨认几何图形正确率增长最快的时期,到五岁时基本能正确辨别各种常见的几何图形。还有研究显示,幼儿对于不同形状的辨别准确度有不同的结果,从辨别简单到难的顺序依次为圆形、正方形、三角形、长方形、半圆形、梯形、菱形和平行四边形。从这个顺序中可见,圆形是最容易被幼儿记住的形状。以此为基础,幼儿教育机构也就在图形识记的教学中给教学级别予以区分,如在小班中主要要求幼儿记住圆形、正方形、三角形、长方形;中班则要额外记住半圆形和梯形;大班则除上述形状外还要掌握菱形和平行四边形,甚至是椭圆形。

为了能够更好地培养幼儿的形状知觉,教师在指导幼儿对不同形状有不同感知的同时,还要将幼儿所看到的形状和该形状的名称结合起来,让幼儿习惯于将两者有所联系,如此会更好地促进幼儿形状知觉的发展。

(2)距离知觉

距离知觉是对物体远近进行辨别的一种知觉。幼儿在一般情况下基本都具备了一些基础的对熟悉的物体或场所距离的辨别能力,但对于那些看起来较为广阔的空间距离却不能完全建立正确的认识。除此之外,他们也不能理解透视原理,即不懂得近大远小的概念。这可以清楚得体现在幼儿的绘画上面,如他们会将前景物和背景物画得一样大。

(3)方位知觉

方位知觉是对自身或物体所处的空间位置进行辨别的一种知觉。所谓的空间位置包括上、下、左、右以及东、西、南、北等。

有研究显示,幼儿对于方位的知觉建立为3岁后可辨别上、下,4岁左右能辨别前、后,5岁后能辨别左、右,6岁左右幼儿虽然能正确辨别上、下、前、后,但对左右方位的辨别仍旧略显模糊,当然一些方位知觉良好的幼儿可以清楚辨别左、右。而等到大多数幼儿都能准确辨别左、右方位时其年龄基本要到7—8岁了。

在幼儿时期,他们对于方向的辨别通常是以自身为中心的。所以,在掌握了这一规律后,教师在教授如舞蹈课、武术课等运动技能的时候,应更多地做"镜面"示范,即以幼儿的角度来做示范动作,而要较少使用"左右"的语言表述,如此可以减少幼儿的困惑感。

2. 时间知觉

时间知觉,是一种对客观现象的延续性、顺序性和速度的反映。不过,鉴于时间的概念太过抽象,以致其也不能被任何一种感官所感受到,为此,人们就必然要利用其他方式对时间予以衡量,如人们对一天时间的衡量会使用钟表,而对一年时间的衡量则会使用各种历法。对于幼儿来说,他们对时间产生的知觉则是依靠生活中接触到的周围现象的变化。

3岁前的幼儿用来感受时间的"工具"为体内的生理状态,也就是基础的生物钟。他们会依靠生物节律周期来反映时间,如每天到一定的时间就会感到饿,或是到某个时间就困乏想睡觉。

实际上在幼儿初期阶段,他们已经开始萌生了一些初步的时间概念,但这种时间概念还并不算是准确的。他们更多的时间概念是与生活有较多关联的,如他们会将早晨和起床联系起来,再有还会将上午与上课、下午与妈妈来接以及晚上与睡觉联系起来。与此同时,他们也开始尝试使用一些标定时间的词语,如昨天、明天、前天等,但毕竟时间的概念对于他们来说还是太过抽象,所以这些词语用错的概率较大。例如,把昨天去过动物园的事情说成是明天去了动物园等。对幼儿来说,现在的时间是最容易理解的,而已过的时间和将要到来的时间则会模糊。

幼儿中期,幼儿已经能够正确理解昨天、今天、明天等时间概念,对于早晨、中午、晚上等词也有了正确的理解,但一旦涉及的时间较现在远,如前天、后天、大后天等,则需要更多的思考时间才能理解。

幼儿晚期,时间概念进一步发展,幼儿已经可以准确辨别大前天、前天、后天、大后天的概念,更能分清上午、中午、下午,也能知道今天是星期几和春夏秋冬的四季变化。一些时间知觉发展较快的幼儿还能看钟表。不过,即便如此,他们对于从前、马上等更短或更远的时间观念还是很难分清。

时间本来就是一个抽象性很强的概念且带有较强的相对性,再加上幼儿的思维能力还没有发展到足以理解抽象概念的阶段,这使得幼儿的时间知觉发展水平普遍较低。不过,只要是在教师正确的引导和指导之下,幼儿的时间知觉的建立仍旧可以进行,特别是结合上有规律的幼儿园生活,就更能在建立时间概念上获得事半功倍的效果。另外,音乐和体育是培养幼儿良好节奏感和时间感的良好形式。在学习音乐中的节拍时,可以控制幼儿对时间的理解与把控,如控制自己一个音唱两拍,一个音唱一拍,或是一拍中唱两个音等。体育中的体操也有这种功效,如一拍一动,或一拍两动等。

四、学前儿童感知觉发展的趋势

(一)从无意性向有意性发展

幼儿的年龄越小,其感知事物的目的性就越差。在早期,幼儿的感知觉并非是主观意愿上的,而基本都是由外部刺激产生的,是一种被动的感知。随着年龄的增长,幼儿产生了更多的自主需要以及兴趣,再加上越发丰富的经验和语言能力的提升,使得他们开始萌生了更多的主动感知的需要。后来,在加入教育活动后,幼儿便学会了如何用词汇来调节自己的感知觉,如此就使感知觉过程按照一定的目的进行,这更增加了他们的感知觉的活动有意性。

(二)从冲动性向思考性发展

总的来说,幼儿的感知觉总是展现出冲动性的特征,由于没有明确的目的性和足够的注意力,这使得他们很难坚持对某一客体进行长时间的观察,以至于在只是观察较短的时间后就认为完成了任务,观察到了事物的全部。有一个图形配对测验(图 2-1),通过该测验的结果可知,年龄越小的儿童,与标准图形配对所用的时间就越短,但准确率最低。虽然说感知方式存在个别差异,但年龄特征带来的不同还是非常直观的。随着年龄的增长,儿童感知觉的冲动性开始逐渐减少,有十足思考性的感知觉逐渐增多。不过另一种观点认为,只有当儿童达到 10 岁以后的年龄时冲动性感知觉才会减少。

(三)从笼统的感知觉向精细的方向发展

儿童最初的各种感知觉都并不算准确,甚至不能准确分辨相似的刺激物,如不能明确区分方向、大小、远近等。这是因为儿童条件反射的形成需要刺激与反应的多次结合,不过儿童所经历的事情毕竟太少,且感觉机能尚未成熟,如此情况下的感知觉必然是笼统的、未分化的。而随着年龄的增加以及接触更多的事物之后,各种感知觉也会向着不断精细化的方向发展。

图 2-1

(四)从部分到整体的方向发展

对于儿童感知觉发展水平的评价来说,是否能将整体与部分有机地结合在一起是非常重要的评价标准。就儿童的早期感知觉来说,他们对事物的感知总是关注到个别部分,忽视整体。随着儿童年龄的增加,他们对事物的感知逐渐从部分向整体发展,从意识上也更开始关注事物的整体。

第三节 注意与学前儿童的心理健康

一、注意的概念

注意,是人们在进行实践活动时的心理活动或意识对某一对象的指向与集中。通过注意的概念可知,指向性和集中性是注意的两个基本特点。

所谓的指向性,是人在清醒状态时,每一瞬间的心理活动只指向特定的对象,而对于其他的对象则是脱离的。简单说就是,人对周边的事物并不是全部掌握它们的信息,其所能考虑到的事情只是他们此时想要关注的那些被选择后的事物。例如,当幼儿在观看老师模仿动物的表演时,老师的表演就成为幼儿心理活动指向的对象,即注意的事物,那么除了表演外的其他事物就会被忽视掉。

所谓的集中性,则是心理活动对某一对象的专注。简单说就是,当一个人心理活动指向某一特定对象的同时,还会将全部精力投入其中。此时周边发生的其他事情都可能会被忽略掉,并不会对他的注意构成绝对的影响。举个例子来说,幼儿在观看动画片的时候往往会表现得非常专注,以至于大人在叫他时他会听不到,如果是在吃饭的时候看动画片,则咀嚼的嘴可能会停止咀嚼,这种情况往往让大人感到心烦。

二、注意的分类

人的注意中有一些是有自觉目的性的,而有些则没有。那么,以此作为依据就可以将注意分为无意和有意两种。

(一)无意注意

无意注意就是暗中没有预定目的且不需要意志努力的注意。无意注意是个体自然地对某个对象产生的注意,也就是人们常说的"不经意"间的注意。例如,当学生们都在上课的时候,一个人忽然走进教室,此时几乎所有人都会去看这个人,即注意到他,这就是一种无意的注意。无意注意总是被动的、不自觉的,是人们对稳定的环境忽然产生变化的一种应答反应。

具体来说,引起无意注意的原因有两个:一个是刺激物的物理特性,另一个则是人们本身的状态,也就是人们的主观条件。

（二）有意注意

有意注意是指有预定目的的且有时还需要意志努力予以维持的注意。有意注意就是人们口中的刻意注意，这种注意有明确的目的性，甚至还需要意志努力的维持。例如，课堂上老师讲一个故事，并要求幼儿记住且之后能复述，为此，幼儿在听讲的时候就会保持高度的注意力在故事上，这是他们记忆和复述的基础。这就是有意注意。

对于有意注意的完成来说，引起和保持需要满足下面四个条件。

(1)活动的目的和任务要明确。鉴于有意注意是一种主动的、有预定目的的注意，因此设立一个明确的活动目的和任务是相当重要的。只有当人们对目的和任务理解越清晰和深刻，才能形成更大的完成任务的愿望，由此才能给予那些与完成任务紧密相关的事物更多的注意。

(2)重视培养间接兴趣。两类兴趣可以引人注意，一类是由活动过程本身引起的兴趣，称为直接兴趣；另一类则是对活动的目的和结果产生的兴趣，叫间接兴趣。对于人的无意注意来说，起到更多作用的还是直接兴趣。但对于有意注意来说，间接性趣的作用更大。这表现为即便有时活动的过程并不吸引人，但结果是好的，如此也会引起人的强烈兴趣。事实上，间接兴趣越稳定，有意注意保持的时间也就越持久。由此可见，培养间接兴趣对引起和保持有意注意来说的意义很大。

(3)排除无关因素的干扰。当人们在进行预期中各项活动时总是难免受到各种因素的干扰，干扰会在不同程度上削弱有意注意的维持时间。那么在此时，为了让有意注意保持良好的状态，就需要足够的意志来"抗干扰"。这些干扰可能来自于外部或内部，外部因素可能是某些突发实践，内部因素则可能来自于疾病或心理层面的情绪。但无论干扰因素为何，锻炼坚强意志仍旧是对培养有意注意的最佳方式。

(4)活动组织要合理。活动组织得如果能够合理有序,就更方便人们集中注意力。例如,对人们要解决的问题提出明确的要求,或是将理论与实践相联系等,这些都可以引起和保持有意注意。例如,数拍子时用脚点地打拍,或是计算时点数桌上的小木棒,这些方法对于维持幼儿的有意注意来说效果颇佳。

总的来说,在实际的运用当中单纯依靠某一种注意的形式都是存在不足的。比如,如果只是依靠无意注意来开展活动,看起来好似是轻松的,但会更加杂乱无章,而且非常害怕遇到干扰;如果只是依靠有意注意,时间一长人们的精神就会疲劳,直到无法支撑有意注意,这点对注意力本就不足的幼儿来说更是如此。为此,在实践当中,为了提高幼儿的注意效果,应尽量交替使用两种注意形式,即在使用某一种注意后适时改变到另一种注意形式上,如此就是充分利用新颖、多变、刺激性强烈等特点来引起幼儿的无意注意,并且也要通过培养间接兴趣来引起幼儿的有意注意。通过这样的方法,便可以使幼儿既能保持对所接触的事物的兴趣,又能最大限度地缓解因有意注意导致的疲劳感。

在了解了无意注意和有意注意两者之间的区别后,就要求教师在针对幼儿开展的教学活动中要合理设计课程,且需要在教学方式上有所改变,如正确地运用语音、语调、语气、表情、姿态、动作等,再结合必要的教具、演示和表演,以及掌握好课程每个环节的时间长度等。这些设计都是为了提升幼儿的无意和有意注意,从而使教学的效果更为理想。

三、注意对学前儿童发展的作用

(一)注意与学前儿童感知的发展

首先,儿童的注意是其与环境中其他信息建立联系的纽带,在这一基础之上才能进一步利用感知觉从环境中获取信息,由此对环境有更多的了解。这也直接说明了儿童获取环境信息的情况与注意的指向和特点有关。

其次,注意是感知的先决条件,从而也间接证明了注意对认识能力提升的重要性。一切认识活动如果没有意识的指向与集中就难以记忆,会使看到的事情一晃而过,听到的事情从左耳进从右耳出。

最后,注意是研究婴幼儿感知发展的重要指标。在婴儿阶段,幼儿的语言表达能力有限,为此要想了解幼儿的心理反应就可以通过观察他们的注意表现来获取信息。例如,为了了解幼儿对颜色和形状的偏好,可以通过他们对不同颜色或形状的注意时间长短来判断。同时,这种方式也能相对准确地了解幼儿的依恋行为表现特点。

(二)注意与学前儿童智力的发展

注意水平与智力的发展有着紧密的关系。注意是儿童进行感知存在,进行思维和想象的开端。具体来说,注意能使儿童感知到的信息进入长时记忆系统,注意能力越强,记忆就越深刻,深刻的记忆又标志着智力的水平。由此可以认定注意能力的强弱直接影响着包括学习、工作等多种智力活动成果。

注意还是儿童观察能力提升和行动持久力提升的基础。注意力差的儿童在进行某项活动时总是容易被其他事物所干扰,然而一旦注意出现转移,则直接影响到对事物的思维活动广度和深度,进而影响思维水平的提高和实践能力的提高,这也是对自身智力发展的一种不利情况。

从儿童的学习效果角度上看,注意力更加集中的儿童的学习效果普遍更好,各方面能力的提高也更快,这也会促进智力的发展。例如,在对一些智力超常的孩子开展的研究发现,他们之所以拥有超常智力,如4岁能坚持写作业40分钟不动,4岁半就开始学习小学课程,这些都与他们高水平的注意力有关。

(三)注意与学前儿童社会性的发展

幼儿对周边环境的变化需要通过注意来获取,以此作为资深调整状态的依据,这是对环境更加适应的基础。如果一个幼儿的注意力较差,那么他对于周边的自然环境和社会环境的变化感受就比注意力较强的人弱,表现在行为上就是不能很好地遵守集体行为规则,与人相处上也显现出情商较差,不能通过察言观色来获悉他人对自己的态度变化。如果这种情况严重下去,甚至会影响幼儿的道德行为和人格的发展。

四、学前儿童注意发展的趋势

实际上,从幼儿的发育来看,他们在刚刚出生后就已经存在注意现象了。随着成长,他们会积累更多的经验,而注意能力也随之发展着。由此,就能总结出学前儿童注意发展的三点趋势。

(一)注意的形式从无意到有意

外界刺激物对幼儿注意带来的生理反应,是无意注意。由于幼儿大脑两半球皮层的兴奋和抑制的产生和转移比较迅速,且语言能力不足,因此更容易受到第一信号系统的影响,表现为格外容易被外界新鲜刺激所吸引,这种情况几乎一直贯穿于学前阶段。然而随着成长、语言能力逐渐增强以及一些有意注意的培养,使得幼儿萌发了有意注意。不过,由于有意注意是由脑的高级部位(额叶)控制的,而大脑高级部位的发育又比其他脑部位迟缓得多,所以,在幼儿期幼儿的有意注意发展是非常缓慢的,但从无意注意到有意注意的方向性趋势是不会改变的。

(二)定向性注意的发生早于选择性注意

定向性注意的源头也是外来的新异刺激,有时还在哭闹的幼儿会因受到这种刺激的影响改变了注意而停止哭闹,这种行为不用通过学习便与生俱来,甚至很多人直到成年后还会如此,当然成年的这种反应不会有幼儿那样明显和夸张。

选择性注意却逐渐成为儿童注意发展的主要表现。所谓的注意选择性主要表现为儿童对注意对象选择的偏好上,这种选择的偏好主要为刺激物的物理特点转向刺激物对儿童的意义;选择性注意的对象逐渐扩大;刺激物从简单到复杂的转变等。

(三)儿童注意的发展与认识、情感和意志的发展相联系

有许多研究已经表明了儿童注意的发展关乎到他们认知、情感和意志等水平的提升。这里需要明确的一点是,注意的发展本身就是认知发展的一部分,在认知层面中的其他层面的发展都可以认为是注意发展的结果,也是注意发展的原因。为了探索周边诸多陌生的事物,儿童或是无意注意某些外界刺激,或是在成人的引导下完成某项注意训练,然而不管怎样,儿童所能注意到的事物普遍带有更能影响他们的情绪色彩。就拿课堂的教师授课行为来说,如果教师的讲授语言风趣、语气抑扬顿挫、身体姿态丰富,自然更能获得儿童的注意,因为种种这些教学技巧调动了儿童的兴奋情绪。反观那些语言枯涩、语气平直的教学则难以获得儿童的注意。这种由儿童注意情绪决定的注意力分配方式会随着年龄的增长而逐渐减弱。意志具有引发行为的动机作用,但比一般动机更具有选择和持续性,意志力的进步能够进一步保持儿童认知过程中的注意集中性。

五、学前儿童注意的培养方法

(1)防止无关刺激的干扰。在组织幼儿参与的活动中,要特别注意尽量排除与活动无关的外界刺激。例如,活动前将与活动无关的玩具、图片等收纳好;在一次活动中不要呈现过多的刺激物;活动需要使用的道具在未使用前不要过早拿出来;教师在穿着和配饰上不要有过于夸张的装饰,如设计新颖的耳环或项链。活动场地的布置也应本着减少刺激物的原则进行,如特别的场地布置要简单,即便要一些特别的背景或场景设置,也要注意突出

主体。

(2)制定合理的作息制度。现代对幼儿开展的教育应该是教育机构与家庭联合式的教育方法,即幼儿在教育机构中遵循的生活起居制度也要尽量移植到家庭中,如此更能保证幼儿的规律性生活,养成良好的生活习惯,这有助于他们保持充足的精力在需要他们注意的事物上。例如,幼儿要有自己的作息,不能与成人一样较晚睡觉;周末的游玩活动也要定时定量,以免幼儿太过兴奋影响新一周的学习活动。

(3)培养幼儿良好的注意习惯。对于幼儿良好注意习惯的培养需要教师和家长的共同努力。例如,在日常中给幼儿购买的玩具和图书要适量,如果种类过多则会分散他们的注意,最终哪个玩具也没玩明白,哪本书也没有读好。教师和家长对于幼儿的行为影响起着表率作用,为此教师和家长也要给幼儿做好对事物注意上的榜样,如当幼儿集中注意在某项活动时,家长不要干扰他们。

(4)灵活地交互运用无意注意和有意注意。有意注意和无意注意是注意的两种形式,幼儿的注意虽然以无意注意为主,但是两种注意在活动过程中是互相补充交替进行的。无意注意不能持久,而且学习等活动也不是专靠无意注意所能完成的,而单调的有意注意更易使人疲劳,所以一方面教师可以运用新颖、多变、强烈的刺激,激发幼儿的无意注意,另一方面还要培养和激发幼儿的有意注意。教师应灵活运用两种注意形式,使幼儿能持久地集中注意,如教师可向幼儿讲明学习和做其他活动的意义和重要性,说明必须集中注意的原因,以此引导幼儿尝试主动地集中注意。

(5)提高教学质量。提高教学质量是防止幼儿注意分散的保障。在针对幼儿的教学活动中,教学方法和教学手段是较为多样化的,适时改变教学方法和手段有助于吸引幼儿的注意力。例如,在教学中使用视频或图片来突出教学内容,使用的语词也要形象生动。此外,教师还要努力激发幼儿的求知欲和好奇心,以促进幼儿持久集中注意,防止注意受到干扰而涣散。

第三章 心态培养：学前儿童的情绪、情感教育

受年龄、经验及认知水平的影响，学前儿童在情绪控制、情感表达方面往往存在着不足，有时受不良情绪和情感的影响，儿童的发展会走向一个极端，这就需要成人给予必要的指导。以帮助学前儿童建立积极的情绪和丰富的情感，促进儿童的身心健康发展。

第一节 情绪、情感的内涵

一、情 绪

（一）情绪的概念

情绪是指个体对客观事物或情境是否符合人的需要而产生的主观体验。情绪这一概念以人的需要为中介，主要表现为两个方面的发展：一是当某个事物能满足人的需求时，人们就会产生愉悦的心理体验；二是当客观事物不能满足人的需要时，人们就会产生消极或不愉快的心理体验。这就是积极情绪和消极情绪的两种表现。举个例子，当你渴望得到某个玩具，而在无意中听到家长要给你买来做生日礼物时，就会感到兴奋；很想要赶快下课去吃饭的时候，听到下课铃声会觉得兴奋、高兴；在考试还没有

完成答卷时,听到铃声就会产生紧张、焦躁的情绪。前两种是积极情绪的反映,后一种则是消极情绪的反映。

通常情况下,情绪主要由认知层面的主观体验,生理层面的生理唤醒,以及表达层面的外部表情与行为等三个层面组成。例如,当某人出现紧张不安的情绪时,个体在认知层面会表现出焦虑、担心等心理行为,在生理层面则会出现诸如心跳加快、呼吸量增大、肾上腺素分泌增加等现象,在外部表情与行为表达层面则体现为皱眉、脸色发白等现象。

总之,情绪对于一个人的发展而言至关重要。它是影响人们身心健康的重要心理因素之一。为促进个体的健康发展,人们必须要尽可能地建立积极的情绪,杜绝不良情绪。积极的情绪体验能帮助人们以饱满的热情投入到学习和工作之中,从而促进身心健康发展。反之,消极的情绪则会影响人们正常的学习、工作和生活,不利于身心健康的发展。随着健康中国建设的进行,人们对健康的认识不断深入,认识到积极情绪对健康的作用,都渴望通过各种手段来获得积极的情绪,从而促进身心健康发展。

(二)情绪的作用

1. 情绪的动机作用

情绪的动机作用是指情绪是儿童认知活动和行为的唤起者和组织者,即情绪对儿童的心理活动和行为具有明显的动机作用。情绪这一作用在学前儿童身上表现得尤为明显,在情绪的动机与激发作用下,学前儿童会做出或拒绝某种行为。不同的情绪下会出现不同的行为或结果。在愉快情绪状态下,学前儿童通常乐于学习和参加各种活动;而在消极情绪状态下,儿童则出现不愿意学习、不乐意参加活动的状况。这就是情绪作用的突出体现。例如,儿童在上学时,家长都会教给儿童向老师说"早上好",放学时跟老师说"再见"。但据观察,儿童说"再见"的情况非常普遍,而说"早上好"则需要一段时间。究其原因,是因为儿童早上不愿意与父母分开到幼儿园上学,这时情绪低落,不愿意去表达;而下午离开幼儿园时则会很开心,情绪高涨,愿意做出情绪的表达。由此可见,虽然学习的内容相似并没有什么差别,但在不同情绪的影响下,学习效果则是截然不同的。由此可见情绪的重要性。因此,作为一名教学工作者,平时在教学的过程中要十分注意儿童积极情绪的培养,要善于采取各种手段和措施激发学生积极的情绪,提高他们学习的积极主动性,杜绝不良情绪和消极行为。这样对于儿童的身心健康发展是十分有利的。

2. 情绪的认知发展作用

大量的实践表明,情绪和认知之间有着非常密切的联系。一方面,情绪随着儿童认知的发展而不断分化和发展;另一方面,情绪对儿童的认知起到激发或抑制的作用。总体来看,情绪的认知发展作用主要体现在以下五个方面。

(1)情绪促成知觉选择

人的知觉具有重要的选择性特征,而情绪的偏好则在一定程度上影响人们的知觉选择。例如,婴儿对绿色感兴趣,他们在选择玩具时就会倾向于选择绿色的物品,对于其他颜色的物品则不会过于注意。

(2)情绪影响注意过程

一般情况下,情绪对注意的影响主要表现在两个方面:一方面,儿童如果对某件物品感兴趣,就会把注意力完全放在这件物品上,对于其他物品则会忽视、漠不关心;另一方面,儿童在积极的情绪状态下,会对某一事物保持长时间的注意力,消极情绪状态下则难以保持长时间的注意力。

(3)情绪影响记忆效果

情绪还会在一定程度上影响儿童的记忆。一般情况下,儿童对于自己喜欢、感兴趣的事物能产生极大的吸引力,容易记住这些事物,而对于自己不喜欢的事物,记忆起来则十分困难。这充分说明,儿童的情绪对于记忆有着显著的作用。作为教育工作者,在教学中一定要善于激发学生积极的情绪,这样才能提高儿童的记忆水平。

(4)情绪影响思维活动

情绪对人的思维活动也具有十分重要的影响。有调查研究发现,儿童快乐、痛苦、愤怒等不同的情绪状态对智力的发展有着一定的影响。具体表现为,儿童在积极的情绪状态下表现出良好的智力水平;而在消极情绪状态下,儿童的智力水平明显低于积极情绪状态下的水平,因此在平时的教学中,教师一定要善于激发儿童的积极情绪,这会对儿童的思维活动和智力发展产生积极的影响。

(5)情绪影响语言发展

大量的实践表明,情绪对儿童的语言发展也会产生重要的影响。这突出表现在两个方面:一方面是幼儿期儿童最初的话语大多是表示情感和愿望的,这时的语言既具有情感功能,又具有指物功能,另一方面,随着儿童年龄的增长和认知水平的提升,儿童的语言表达能力会随之增强,而情绪在其中则起到重要的促进作用。

3. 情绪的社会交往作用

人在不同情绪状态下会有不同的外在表现,表情就是其中一种重要的表现形式。表情和言语对于儿童的成长与发展而言至关重要,它们都属于人际交往的主要工具,是儿童表达情感的重要信号。在婴幼儿时期,在还没有学会语言之前,婴幼儿会借助表情来表达自己的喜怒哀乐,与成年人进行情感的交流。因此,情绪具有一定的交往作用,尤其对于学前儿童而言更是如此。

(三)情绪的种类

情绪的划分标准有很多种,其中根据情绪发生的强度、紧张度等因素划分,可以将情绪分为心境、激情和应激等几种。

1. 心　境

心境主要构成了人的心理活动的背景。当一个人心情愉快时,不论看什么事物,或者遇到什么事情都会保持一个乐观的心态。而当一个人情绪不佳时,无论遇到什么事情都会感到闷闷不乐,这就是心境。心境具有一定的弥漫性特点。所谓弥漫性,是指心境并不是对某一特定事物的情绪体验,而是某一种特定情绪发生后并不马上消失,还要继续保留一段时间。在这一个时间段内,人们会把情绪带进某一件事情中,所作出的决定有可能因不理智而导致不良的后果。

在平时的生活中,心境受各方面因素的影响,如学习成绩、生活习惯、人际关系等,这些都有可能给儿童的心境带来重大的影响。但需要注意的是,在大多数情况下,儿童并不会注意和了解引起心境的原因。

一般来说,良好的心境有利于人们的工作和学习,能激起人的学习积极性,使其以饱满的精神投入到学习和生活中,这对于人的身心健康发展也是十分有利的。而消极的心境则使人意志消沉,不利于学习和生活,对人的身心健康发展不利。因此,作为家长和教师,要充分了解学前儿童的心境,改善其心理状态,促进其健康发展。

2. 激　情

激情属于一种强烈的、时间短暂的情绪状态。如儿童在遇到一些事情时暴怒、恐惧、绝望等都属于这种情绪体验。在这种情绪状态下,儿童会出现相应的生理变化,如心跳加快、血压升高、呼吸急促、大发雷霆、暴跳如雷等。

激情通常是由对个人有重大意义的事情引起的。如重大成功、惨遭失败和亲人突然去世等,都是对当事人有巨大意义的能引起激情状态的强烈刺激。激情有积极和消极之分,积极的激情常常能调动人身心的巨大潜能,激励人们奋不顾身地克服艰难险阻,朝着正确的目标奋进;消极的激情往往使人产生"意识狭窄"现象,致使注意范围缩小,自我控制能力减弱,从而使行为失去控制,做出后悔莫及的事情,对此我们应该采取措施加以控制。

3. 应　激

应激是出乎意料的紧迫情况所引起的急速而高度紧张的情绪状态。在应激状态下,整个机体的激活水平高涨,使人的肌张力、血压、内分泌、心率、呼吸系统发生明显的变化。由于身体各部分机能的改变,从而使个体发生不同的心理和行为变化。

通常,在应激状态下,人可能会有两种行为反应:一种是行为错乱,采取了不恰当的行动,同时,由于意识的自觉性降低,也会出现思维混乱,分析判断能力减弱,感知和记忆力下降,注意力的分配与转移困难等情况。另一种是虽然身心紧张,但精力旺盛、思维敏捷、往往能急中生智,采取合适的策略去解决问题。

(四)儿童的几种情绪

儿童在成长与发展的过程中,通常会出现各种情绪,这些情绪是儿童的心理外在表现形式。了解儿童的这些情绪表达能帮助我们采取科学的手段管理儿童的心理行为,促进儿童的身心健康发展。

1. 痛　苦

痛苦属于一种负面情绪,是由于某种需要没能达成满足或某种刺激不符合需要甚至破坏了需要的满足时而产生的一种内心体验。在儿童成长的早期,哭是一种重要的表达痛苦的方式,长大以后虽然哭并不一定代表痛苦,但哭在一定程度上来说则是痛苦至极的表现。

婴幼儿通常会用哭声来表达自己的某种需求,通常来说主要是生理方面的需求,而随着儿童的不断成长,哭逐渐发展成为生理性和社会性需要的表达。最初,儿童的哭属于一种无意识的情绪反应,后来随着认知水平的提升逐渐发展成为有意识的主观行为。对于儿童而言,儿童的哭主要有以下几种形式。

(1)饥饿的哭,具体表现为闭眼、号哭、四肢乱动,刚出生的婴幼儿通常会有如此表现。

(2)生气的哭,具体表现为哭声失真、气急猛烈,常见于婴幼儿时期。

(3)疼痛的哭,具体表现为突然高声大哭,哭声不止。

(4)恐惧的哭,具体表现为哭声强烈而刺耳,有间隔的短时间的号叫。

(5)不称心的哭,具体表现为哭声时断时续,并且如此反复持续不断。

(6)招引人的哭,出生第三周开始。特征是:先哼哼叽叽,断断续续,如果无人理会便大哭大叫。

儿童在发展的早期不会用语言来表达自己的情绪,哭是其表达自己需求的一种重要手段。成人可以根据儿童的哭声来判断其需要和情绪,这样能更好地了解儿童的需求,帮助儿童更好地发展。对于婴幼儿而言,他们的哭声会有一定的差别,成人一定要注意分辨其哭声的不同,从而及时满足婴幼儿的需求。但需要注意的是,婴幼儿有时也会表现出要挟性的哭,成人要注意分别,以免导致其养成不良的行为习惯。

总之,痛苦是儿童的一种情绪的重要表现形式,这一形式在成长的每一个阶段都会遇到,主要表现在生理痛苦和心理痛苦两个方面,至于引起儿童痛苦的原因则需要根据具体的实际查明。

2. 兴 趣

兴趣也是儿童与生俱来的一种情绪,它具有重要的动机和激发作用。儿童在兴趣的激发和动机作用下,会产生一定的欲望,如求知欲、探究欲等。这一兴趣是儿童先天就有的,对待不同的事物,儿童会表现出不同的兴趣。我国学者孟昭兰(1997)将儿童兴趣的发展分为三个阶段。

第一阶段,先天反射性反应阶段(1—3个月)。这一时期,儿童能运用自己的感官去接触客观事物,并对自己的活动做出一定的反应。

第二阶段,相似性物体再认知觉阶段(4—9个月)。在这一时期,儿童会对重复出现的某种刺激物发生一定的兴趣,并渴望这些刺激物再次出现。在这样的环境下,儿童会有一定的安全感,并在认识事物的过程中感到某种快乐,从而获得轻松愉快的心理情绪。

第三阶段,新异性探索阶段(9个月以后)。这一阶段儿童已能清楚认识到客体的新异性,能对各种刺激做出相应的反应,并能利用已经积累的经验和当时的情境结合起来进行活动,在这样的情况下,儿童对事物的认知水平不断提升。

随着儿童年龄的不断增加,他们的兴趣也越来越广泛,对事物的认知也更加稳定和可靠。不仅如此,他们对事物的兴趣也更加持久和稳定。

儿童在兴趣方面呈现出一定的个体差异,也呈现出一定的性别差异。对于学龄儿童而言,他们在选择感兴趣的玩具上面表现出明显的性别差异。

3. 依　恋

亲子依恋是指儿童对某个人所具有的特别亲密的难舍难分的一种情绪体验。具体表现为儿童见了依恋对象会表现出愉悦的心理体验,高兴、调皮、亲近、依偎等是常见的几种表现形式,离开了依恋对象则表现出焦躁、不安等情绪。

人们通常会对依恋与依赖的概念有所混淆。实际上,依恋和依赖是两个完全不同的概念。依恋是个体对客体所产生的一种亲密的情绪体验,突出反映了与客体的不可分离的关系;而依赖则是指希望某一个体给予其帮助的心理倾向。二者相比较,依恋主要体现的是情感关系,而依赖体现的则主要是行为关系,细致分析就会发现二者存在很大的不同。

依恋可以说是儿童成长过程中逐渐建立和形成的一种社会性情感；依赖则是儿童在成长的过程中所形成的一种心理倾向或行为习惯。但需要注意的是，过分的依恋对于儿童的身心健康发展是十分不利的，家长对此要引起高度重视。但是这种依恋倾向会随着儿童年龄的增长而逐渐减弱，家长不需要过分担心。

4. 恐 惧

恐惧这一种心理体验是在儿童预防某种情景的威胁、保护自身安全意识的基础上产生的。恐惧心理体验的产生对于儿童的健康成长具有一定的意义。在恐惧的心理体验下，儿童能有效躲避那些有害于生存的刺激，有利于群体互帮互助，保证安全。但是，恐惧的心理体验最好不要长期停留在儿童的脑海中，因为这样会对儿童的性格产生一定的冲击，导致出现一些心理问题。

5. 焦 虑

焦虑是在某种刺激的持续作用下所产生的一般性紧张状态。在某种不确定的形势下，人都会产生这样的一种情绪，排除焦虑就成为人们保持身心健康的重要做法。

受遗传、环境等因素的影响，学前儿童所产生焦虑的时间和程度也存在着一定的差别。因此，儿童出现的焦虑存在着一定的个体差异。学前儿童随着年龄的不断增长，焦虑会出现两种不同的变化：一种是焦虑减轻或变少；另一种是焦虑加重或增多。对于小学生而言，他们的焦虑多半来自于学业和父母的压力。面对这样的压力，儿童通常会出现一定的消极情绪，出现这样的状况时，家长和教师一定要采取合理的手段与方法去解决，以免加重儿童的心理负担，导致儿童出现各种不良心理行为。

二、情　感

按情感的内容进行分类，可以将情感分为道德感、理智感和美感三种形式。这几种情感对于一个人的发展而言具有十分重要的意义。

（一）道德感

道德感是由自己或别人的举止行为是否符合社会道德标准而引起的情感。人并不是生下来就具有道德感的，道德感的形成过程相对来说比较复杂。通常来说，3岁之前人的道德感还比较模糊，处于萌芽发展时期，而在3岁以后，人的道德感才逐渐形成并发展。儿童随着年龄的不断增长以及社会交往的不断发展，在各方面教育的影响下，逐渐掌握了一定的社会规范和准则，这也是人的世界观、价值观、人生观等形成的必经过程。当儿童因为别人的行为、言论等符合自己所理解或掌握的社会标准时，就会产生高兴、满足的情绪体验；而当别人的行为、言论等不符合自己的行为规范和标准时，就会产生一定的羞耻、愤怒等情绪体验。这种情绪就是道德感。

通常来说，婴幼儿在发展的初期并没有明显的道德感，随着年龄的增长，发展到中期则掌握了一定的道德标准，儿童在因为遵守了一定的道德标准后会产生一定的快感。有些时候，儿童不但关心自己的道德标准，甚至还会关心别人的行为是否符合道德标准，与之相应的是，还会产生一定的情绪，或是积极的，或是消极的。中班幼儿常常会"告状"，这就是由道德感所激发的一种行为。幼儿晚期儿童的道德感进一步发展，在对待不同的人和事时会产生完全不同的情绪。这一时期，儿童的情绪具有一定的稳定性，其认知水平大大提升。

随着儿童年龄的不断增长以及心理的不断发展，学前儿童的情感也日益丰富，如出现了一定的自豪感、委屈感、友谊感和同情感等情感。库尔齐茨卡娅(1986)曾经对学前儿童的羞愧感做过一定的实验,研究表明,儿童在3岁前具有接近羞愧感的、比较原始的情绪反应,而在3岁之后出现一定的羞愧感和不良行为感觉。随着青少年儿童年龄的增长,羞愧感的表现越来越多地依赖于和别人的交往。

(二)理智感

理智感是人们在认识客观事物的过程中所产生的一种情感体验。这一情感体验与人们的求知欲、认识兴趣等密切相关,它是人类社会所特有的高级情感。

婴儿从出生以来就有一种好奇的内驱力和探究力,他们勇于向周围世界探索,看到人就会用眼睛加以辨别,喜欢拿东西东敲西敲,发出声音等,婴儿对整个世界都充满了好奇。

随着儿童年龄的不断增长,他们的认知水平也不断提升,身体活动能力也大大增强。在他们能通过自己的努力而成功完成某项任务后就会显得兴高采烈,能感受到强烈的快乐的情绪体验。例如,儿童在成人的指导下用积木搭出一个小房子时,就会高兴地拍起手来,以表达自己的兴奋之情;随着儿童年龄的不断增长,他们通常会痴迷一些具有创造性的活动,这些活动能给儿童带来积极的情感,这种情感又能促使他们更进一步地探索,在探索事物的过程中不断提升自己的认知水平。

对于儿童而言,他们总是对整个世界充满了好奇,好奇好问是其理智感的主要表现形式。儿童在遇到自己没有见过的事物时,特别喜欢问"这是什么"或者"为什么",这表现出儿童强烈的求知欲。儿童的求知欲还突出表现在对事物的"破坏"行为。如儿童喜欢拆卸各种玩具以满足自己的好奇心。作为家长和教师,最好不要破坏儿童的这一探索欲望,要为他们创造动手的机会,帮助他们提高动手实践能力。

儿童通常会被好奇心所驱使,对周围的一切都充满了浓厚的兴趣,但是受认知水平所限,他们常常轻信成人的回答。而随着年龄的增长以及知识面的不断扩大,他们的理智感也会出现一定的变化,他们的独立思维能力会越来越强。

(三)美　感

美感是人们对事物审美的体验,它是根据一定的美的评价而产生的。对于学前儿童而言,他们从小就喜欢鲜艳悦目的东西,喜欢干净整洁的环境,喜欢注视端正的人脸,喜欢有图案的纸板等,他们会对颜色鲜明的东西产生美感。而随着学前儿童年龄的不断增长,他们会自发喜欢相貌漂亮的小朋友,能从各种舞蹈、音乐中体验到美,获得美的享受,从而提升自己的美感认知水平,提高审美能力。

第二节　学前儿童情绪、情感的发展

一、学前儿童情绪的发展

(一)情绪的发生

婴幼儿出生的时候是否带有一定的情绪,这一问题存在着诸多争论。长期以来,学界主要存在两种观点:一种观点认为,儿童在刚出生时会做出各种反应,但对成人的反应并没有出现差别;另一种观点认为,儿童具有先天的情绪机制,在一定的外部刺激下,会出现相应的情绪反应。大多数专家及学者支持后一种观点,认为儿童在出生后会产生一定的情绪反应,如哭泣、安静等,这些反应称为原始的情绪反应。

儿童刚出生时就有一定的情绪反应,这一情绪反应与儿童的生理需要有着直接的关系。当儿童身体内部或外部受到不舒适的刺激时就会产生不愉快的情绪,通常表现为哭泣、烦躁不安等。

而在生理需要得到满足后,儿童的这一情绪反应就会消失。先前的消极情绪会演变为积极情绪,如儿童由饥饿时的哭泣在喂奶后转变为喜悦的情绪反应。

行为主义创始人华生曾经对儿童的情绪反应做过一项调查,调查结果显示,儿童原始情绪反应主要有以下三种。

第一,"怕"。新出生的儿童通常最怕两件事,一件是大声,另一件是失持。比如当儿童静静地躺在地毯上,如果用一件物品敲打地毯,儿童会出现一定的生理反应,如肉猛缩,进而哭泣等。当抽掉儿童身下的毛毯,儿童突然失去平衡时,就会出现呼吸急促,继而大哭的情绪反应。

第二,"怒"。儿童的心理活动非常简单,当他的活动受到一定的限制时,儿童就容易发怒,如按住儿童的头部不让其活动,儿童就会立刻身体挺直,并哭叫,情绪反应非常明显。

第三,"爱"。当父母抚摸儿童时,儿童就会产生爱的情绪反应。如抚摸儿童的皮肤、唇、耳、颈背等身体部位时,儿童就会感受到一定的满足,会产生安静的反应,这就表示爱。

综上所述,儿童原始的情绪反应还是比较笼统的,没有具体的分化,还需要进一步研究。但不论如何,儿童在刚出生时就伴随着一定的情绪反应,这是被广大学者和专家承认的事实。

(二)情绪的发展趋势

1. 情绪的社会化

儿童最初出现的情绪反应是与生理需要联系在一起的。随着儿童年龄的增长,其情绪逐渐分化和发展,在发展的过程中同时与社会性适应也产生一定的关系。总体来看,学前儿童情绪出现一定的社会化趋势,这一趋势主要表现在以下几个方面。

(1)情绪中社会性交往的成分不断增加

学前儿童的情绪活动中,涉及很多社会性交往的内容,随着儿童年龄的增长,这一社会性交往内容也不断增加。如儿童在玩得高兴时会不由自主地出现笑起来的情况,这一情况在儿童1岁时最为常见,而随着年龄的增长,这一情况越来越少。儿童非社会性的微笑逐渐减少,而社交微笑则出现大大增加的趋势。

(2)引起情绪反应的社会性动因不断增加

学前儿童通常会出现各种情绪反应,这些情绪反应通常与其生理性需要有着直接的关系。例如,吃饱、睡足、身体舒适等都可能引起儿童的积极情绪。婴儿通常喜欢被别人抱,这样会使他身体感到舒适,获得生理性的满足。同时这种与成人之间的接触,又能满足其社会性需要,具有明显的社会性动因。当婴儿因为饥饿大哭时,这时家长把他抱起来也能使其安静,这就是满足儿童社会性需要的表现。这表明儿童在出生后就带有了一定的社会性。

1—3岁儿童会出现各种情绪反应,其原因主要有两个方面,一方面是与满足生理需要有关,另一方面与满足社会性需要有关。例如,儿童有独立行走的需要时,如果父母在其中加以干涉,彼此就会出现矛盾,这时就会引起儿童的不同情绪反应。允许其行走时,儿童就会感到心理愉快,否则就会出现不愉快的情绪。

3—4岁儿童,仍然喜欢身体接触。例如,刚刚进入幼儿园的儿童,喜欢与老师手拉手一起做游戏,老师拍拍儿童的肩膀,儿童就会感到满足。可以说,这一阶段是儿童由满足生理需要向满足社会性需要过渡的阶段。在这一阶段中,儿童的情绪会变得更加丰富,逐渐向着情感的高级化方向发展。

(3)情绪表达的社会化

表情可以说是人的情绪的外部表现。儿童自生下来就有各种表情,儿童在成长的过程中逐渐掌握了周围人们的表情手段,逐渐明白人们的表情所对应的情感变化。一般来说,儿童的情绪表达方式主要包括面部表情、肢体语言以及语言表现等几种。

区别面部表情的能力可以说是儿童社会性认知的一个重要标志。大量的研究表明,儿童表情所提供的各种信息,对儿童和成人交往的发展与社会性行为的发展起着特别重要的作用。

对于大约一周岁的儿童而言,他们已经普遍能够笼统地辨别成人的表情。比如,能辨别成人的笑脸和严肃的表情,并能根据这些表情做出相应的反应。从两岁开始,儿童已经能够用表情手段去影响别人,并逐渐学会利用表情表达自己的情绪。刚进入幼儿园的儿童,对老师的表情非常敏感,逐渐学会察言观色,根据老师的表情行事。

2. 情绪的丰富和深刻化

随着儿童年龄的不断增长,情绪也日益丰富,这主要表现在两个方面:一方面,儿童的情绪过程越来越分化;另一方面儿童情绪所指向的事物不断增加。有些先前不引起儿童体验的事物,随着年龄的增长,引起了情感体验。例如,2—3岁年幼的儿童,不太在意小朋友是否和他共玩,而对3—6岁的儿童,如果小朋友不和他玩,自己受到孤立,就会感到伤心和难过。

儿童情感的深刻化是指指向事物性质的变化,从指向事物的表面到指向事物更内在的特点。例如,年幼儿童对父母的依恋,主要是因为父母是满足他的基本生活需要的来源,而年长儿童则已包含对父母的尊重和爱戴等内容。

学前儿童情感的深刻化发展,与其认知水平有着直接的关系。根据与认知过程的联系,学前儿童的情绪发展可以分为以下几种水平。

(1)与感知觉相联系的情绪

与感知觉相联系的情绪多是与生理性刺激相关。例如,儿童出生前几个月,听到了刺耳尖声或身体突然失持,都会引起痛苦和恐惧。比如,2—6个月的婴儿,看见别人做鬼脸,作出微笑反应,即产生愉快的情绪;听到妈妈使用吸尘器的声音,他会产生害怕的情绪。

(2)与记忆相联系的情绪

3—4个月的婴儿看见陌生人表示友好的面孔,可以发出微笑。但是,7—8个月的婴儿,则可能出现惊奇或恐惧。这是因为前者的情绪尚未与记忆相联系,而后者则有记忆的作用。没有被火烧灼过的儿童,对火不产生害怕情绪,被火烧灼过的儿童则会产生害怕的情绪。被打过针的儿童都不喜欢穿白大褂的人,因为他们头脑中保留着这种人给他打针致痛的印象。这种记忆中的表象仍然在对情绪起作用。

(3)与想象相联系的情绪

2岁以后的儿童,会产生一些与想象相联系的情绪体验。如果成人对儿童说:"你不好好睡觉,大灰狼就要来咬你!"儿童越想越害怕,这是恐惧情绪在其中起作用。有的儿童怕蛇,虽然儿童没有被蛇咬过,但是通过联想和现象也会出现一定的恐惧情绪。

(4)与思维相联系的情绪

5—6岁儿童能充分理解到病菌能使人生病,从而害怕病菌;理解苍蝇能带病菌,于是讨厌苍蝇。这些情绪与思维有着密切的联系,深深影响着儿童的思维。

幽默感也能在一定程度上影响儿童的情绪体验。3岁儿童看到鼻子很长的人、眼睛在头后面的娃娃都报之以微笑。这是儿童理解到"滑稽"状态即不正常状态而产生的情绪表现。儿童会开玩笑,即出现幽默感的萌芽,是和他开始能够分辨真假相联系的。

(5)与自我意识相联系的情绪

随着儿童年龄的不断增长,他们的情绪会发生不断的变化。儿童情绪逐渐与记忆的经验、想象的后果,以及对环境的认识评价等复合因素相联系。幼儿晚期,这种性质的情绪逐渐增多,这种情绪的变化主要与儿童的主观认知有着直接的关系。

受到别人嘲笑而感到不愉快,对活动的成败感到自豪、焦虑、害羞或惭愧,以及对别人的怀疑和妒忌等都属于与自我意识相联系的情绪体验。这一类情绪是典型的社会性情绪,是人际关系性质的情绪体验。

3. 情绪的自我调节化

随着儿童年龄的不断增长,情绪会出现各种变化,其主要的发展趋势是越来越受自我意识的支配。在年龄不断增长的情况下,儿童对情绪的调节能力也越来越强。

(1)情绪的冲动性逐渐减少

对于年幼的儿童来说,他们常常会因为某种外部刺激而出现兴奋的情绪,经常会用过激的动作和行为表现自己的情绪。随着儿童的大脑发育及语言的发展,情绪的冲动性逐渐减少。儿童对自己情绪的控制,起初是被动的,即在成人要求下,由于服从成人的指示而控制自己的情绪。到幼儿晚期,对情绪的自我调节能力才逐渐发展。在成人的指引下,儿童通过参加各种社会活动或集体活动能逐渐养成自我调控情绪的能力,冲动性逐渐减少。

(2)情绪的稳定性逐渐提高

对于刚出生不久的婴幼儿而言,他们的情绪是极其不稳定的。随着年龄的不断增长,儿童的情绪才会逐渐稳定,冲动性减少。婴幼儿的情绪不稳定,与其情绪情感具有情境性有关。婴幼儿的情绪常常被外界情境所支配,某种情绪往往随着某种情境的出现而产生,又随着情境的变化而消失。例如,新入园的儿童看到妈妈离去时,会伤心地哭,但妈妈的身影消失后,经教师引导,很快就愉快地玩起来。如果妈妈从窗口再次出现,又会引起儿童的不愉快情绪。

除此之外,婴幼儿情绪的不稳定还与情绪的受感染性有着密切的关系。所谓受感染性,是指情绪非常容易受周围人的情绪影响。新入托的一个儿童哭泣着找妈妈,会引起早已习惯了托儿所生活的其他儿童都哭起来。

幼儿晚期情绪比较稳定,情境性和受感染性逐渐减少,这一时期儿童的情绪较少受一般人感染,但仍然容易受亲近的人如家长和教师的感染。因此,家长和教师在平时的生活中,一定要注意控制自己的情绪,为儿童做好正确的榜样和示范。

(3)情绪情感从外显到内隐

对于婴幼儿而言,他们的情绪常常是表露在外的,丝毫不加以控制和掩饰。随着儿童年龄的增长及认知水平的提升,儿童逐渐能够调节自己的情绪及其外部表现。

通常情况下,儿童调节情绪的外部表现能力的发展比调节情绪本身的能力发展得早。这里主要有两种情况,儿童开始产生某种情绪体验时,自己还没有意识到,直到情绪过程已在进行时才意识到它。这时儿童才记起对情绪及其表现应有的要求,才去控制自己。幼儿晚期,能较多地调节自己情绪的外部表现,但其控制自己的情绪表现还常常受周围情境的左右。

婴幼儿不能很好地控制自己的情绪,这种外显性的情绪表现能帮助成人及时了解儿童的需求,对其施加帮助。但是,控制调节自己的情绪表现以至情绪本身,是社会交往的需要,主要依赖于正确的培养。同时,由于幼儿晚期情绪已经开始有内隐性,要求成人细心观察和了解其内心的情绪体验,为儿童的身心健康发展提供必要的指导。

二、学前儿童情感的发展

(一)情感复杂化发展

1. 体验层次的增加

对于学前儿童而言,他们情感体验层次的增加主要表现在其对同一种情感体验能根据不同的对象表现出不同程度的感受。如儿童对父母的爱、对教师的爱、对兄弟姐妹的爱、对小朋友的爱等,有着明显的层次上的区别。

2. 涉及范围的扩大

随着儿童年龄的不断增长,其认识水平也不断上升,情感涉及的范围也不断扩大,朝着复杂化的方向发展。这一时期,儿童会对各种事物都充满了兴趣,如各种食物、各种玩具、各种游戏等,在这样的条件下,儿童的情感会越来越丰富。

3. 指向对象的改变

年幼儿童在活动的过程中通常没有明确的目的,他们只是对某件事物或活动的过程感兴趣。但随着年龄的不断增长,儿童不仅重视活动的过程,而且开始对活动结果产生强烈的情绪体验。因此,他们常常会不断地重复同一个动作和行为,如果实现了某一目的或任务,他们就会感到兴奋,体验到成功的喜悦。而如果他们遭受到挫折,没有完成任务,就会生气或发怒。

4. 表现形式的多样化

随着年龄的不断增长,儿童的情感表现也越来越丰富和多样化。他们的情感不仅表现在面部表情和体态动作上,也能表现在语言之中;在面对突发状况时,儿童不仅会出现一时的情绪反应,而且还能形成短暂的心境;随着儿童认知水平的提升,儿童还具备了控制情绪的能力,能根据现实状况及时合理地调节自己的情绪状态。

(二)情感社会化发展

学前儿童情感社会化主要表现在情感在社会交往中所起的作用越来越大。在儿童早期的发展中,其情感反应与生理需要之间的联系非常紧密,而随着儿童年龄的不断增长,他们的社会交往逐步增加,在与人交往的过程中,情感表达也逐步深化,表情和动作成为儿童表达自己情感的重要手段。例如,儿童在讲述故事时,总是一边讲述一边做出各种表情和动作,在遇到无法运用语言来描述某件事情时,通常会采用表情和动作来表达。不仅如此,儿童在与大人交往的过程中,还会察言观色,能准确领会别人的情感并作出相应的反应。这表明儿童的认知水平大大提高,情感交往能力也随之增强。

(三)情感个别化发展

儿童的情感非常丰富,在与人交往的过程中,儿童通常会呈现出快乐、痛苦、惧怕、害羞等不同的情感表现。这些情感都是受一定的客观因素影响的。一般情况下,一种情感与某种具体的情景和特定的认识反复结合,便可以形成儿童情感的某种倾向性,这种倾向性就是指儿童情感的个别化。随着年龄的不断增长以及认知水平的逐步提升,儿童的情感个别化发展趋势越来越明显。

相关研究表明,儿童情感的个别化发展对于其个性的形成具有重要的影响。心理学家认为,在儿童发展的早期,要十分注意对其情感的培养,这将会对儿童的未来发展产生至关重要的影响。例如,长期生活在压抑的环境下,儿童就会变得孤僻、冷漠,甚至产生自闭症。

另外,儿童情感的个别化发展也会在一定程度上影响其智力发展。在平时的生活中,如果一个儿童经常充满了积极的情感,就会形成探究环境的动机,促使自己主动去认识事物、发现问题、解决问题。在解决问题的过程中,儿童的智力水平就会得到不断的发展和提高。相反,如果一个儿童长期处于压抑的环境下,情感就会变得冷漠,缺乏认识事物的兴趣和动机,长此以往,儿童的探索欲望和创造能力就会大大降低,也不利于儿童智力水平的发展。

三、学前儿童依恋情感的发展

依恋是学前儿童重要的情感之一,作为家长和教师一定要重视儿童的这一情感要素,采取恰当的手段促进学前儿童的身心健康发展。

(一)依恋的概念与类型

1. 依恋的概念

亲子依恋属于学前儿童情感的重要内容,是儿童适应环境的一个重要方面。这种情感能在一定程度上帮助学前儿童向更好的适应生存的方向发展。

在儿童身心发展的初期,依恋这一情感深深影响着儿童的心理,影响着儿童的身心健康发展。儿童是否形成依恋以及依恋性质如何,对于儿童的情绪情感、社会行为、个性特征等都产生非常重要的影响。

2. 依恋的类型

(1)安全型依恋

具有安全型依恋情感的儿童在母亲身旁能够感觉到放松和安逸,能放心地玩弄玩具,其具体表现是用眼睛看母亲、对母亲微笑或与母亲进行一定的交谈。母亲在场能使儿童感到足够的安全,在这样的情况下,能与陌生人进行良好的交流。而当母亲离开时,这些儿童会显现出紧张的情绪,四处寻找母亲,在找到母亲后,儿童就会安定下来。

(2)回避型依恋

回避型依恋这一类儿童比较常见,对母亲在不在场都无所谓,母亲离开时,他们并不表示反抗,很少有紧张、不安的表现;当母亲回来时,也往往不予理会,表示忽略而不是高兴,自己玩自己的。有时也会欢迎母亲的回归,但只是非常短暂地接近一下就又走开了。因此,实际上这类儿童对母亲并未形成特别亲密的感情联接,这一类儿童通常被称作"无依恋婴儿"。

(3)反抗型依恋

反抗型依恋这一类儿童又被称为"矛盾型依恋",其具体表现为每当母亲要离开前就显得很警惕,当母亲离开时表现得非常苦恼、极度反抗,任何一次短暂的分离都会引起大喊大叫。但是,当母亲回来时,其对母亲的态度又是矛盾的,既寻求与母亲的接触,但同时又反抗与母亲的接触。当母亲亲近他,比如抱他时,他会生气地拒绝、推开。但是要他重新回去做游戏似乎又不太容易,不时地朝母亲看。

第三章 心态培养:学前儿童的情绪、情感教育

以上三种类型是学前儿童依恋情感的几种类型,其中安全性依恋为良好、积极的依恋,而回避型和反抗型依恋则属于一种消极、不良的依恋情感。作为家长一定要在平时的生活中注重儿童良好情感的培养。

(二)依恋的形成与发展

1. 依恋建立的前提

对于所有的学前儿童而言,他们都具有一定的依恋情感,依恋可以说是儿童心理发展到一定阶段的产物,这一情感与儿童所处的家庭环境及教育氛围有着极为密切的关系。依恋的发生与建立并不是突发的,有着一定的过程。学前儿童依恋情感的建立需要具备以下几个条件。

(1)识别记忆

一般情况下,学前儿童的认知水平会随着年龄的增长而不断提高,其对周围事物的认知也有一个从未分化到分化的过程。当学前儿童能够把作为依恋对象的特定个体与其他人区分开来时,就有可能形成对特定个体的集中依恋。这种使知觉对象从知觉背景中分化出来的认知技能,就是儿童的识别记忆。儿童识别记忆产生的时间可以因感觉器官性质的不同而有所差异。随着儿童认知能力的发展,儿童的各种感觉器官的活动逐渐增多并活跃起来,在这样的情况下,儿童对事物的鉴别能力不断提高,从而能更准确地确认依恋对象。

(2)客体永久性与"人物永久性"

在儿童认知能力不断发展的过程中,获得客体永久性是一个巨大的进步。正是这种认识能力使儿童在头脑中始终保持母亲的形象,我们称之为人物永久性。于是,当母亲离开儿童时,儿童才会四处寻找。客体永久性的认知能力是儿童依恋形成的认知前提。

总体来说,儿童的识别记忆和客体永久性的出现并非彼此孤立的,二者之间的联系非常密切,相辅相成,共同发展。

2. 依恋的形成

(1)依恋形成的标志

一般情况下,学前儿童依恋情感形成的标志需要符合以下三个原则。

①代表性,即反应依恋行为。学前儿童的这一行为表现不同于其他社会关系的本质规定性,它具有自身鲜明的特性。

②稳定性,即在依恋出现的时期内能保持相对稳定的存在。

③普遍性,即不因个体间的差异而影响该依恋现象的普遍存在。例如,在一般情况下某种行为儿童甲具有,而儿童乙在同期并不出现,这说明这种行为就不具有普遍性。

(2)依恋形成的阶段

依恋可以说是在儿童与母亲的相互作用中逐渐建立起来的。鲍尔比认为儿童的依恋情感主要分为以下四个阶段。

①无差别的社会反应阶段(0—3个月)

儿童开始探索周围环境,尤其是人,表现为倾听、追视、吸吮。婴儿对人的探索只能借助于哭泣、微笑和咿呀语等。一旦成人给予回应,或是留在儿童身边,或是抱起轻轻摇晃,都能使之高兴、兴奋,并且感到愉快、满足。这个时期的儿童对人反应的最大特点是不加区分,儿童对所有人的反应几乎都是一样的。同时,所有人对儿童的影响也是一样的,因为此时的儿童还未能实现对人际关系客体的分化,他们并不介意被陌生人抱起。

②有差别的社会反应阶段(3—6个月)

在这一时期,儿童继续探索环境,开始识别熟悉的人(如父母)与不熟悉的人的差别,也能区别一个熟悉的人与另一个熟悉的人,如儿童用不同的微笑和发声区别不同的人。对熟悉的人表现更敏感。他们在母亲面前表现出更多的微笑、咿呀学语、依偎、接近,而在其他熟悉的人面前这些反应就要相对少一些,若是面对陌生人这些反应则更少。但此时的儿童除了能从人群中找出母亲,仍然不会介意和父母分开。

③依恋形成的阶段(6个月—2.5岁)

在这一时期,儿童特别关注母亲的一举一动,非常愿意与母亲在一起,与母亲在一起就很高兴,而当母亲离开时则显得非常不安,表现出一种分离焦虑。同时,当陌生人出现时,儿童则会显得谨慎、恐惧、争执、哭泣、大喊大叫,表现出怯生、无所适从。不过,这时候的儿童已经明白,成人不在视野范围内,之后还会继续出现,所以他们以母亲为安全保障,能在新环境中逐步提高探索的能力。

④修正目标的合作阶段(2.5岁以后)

随着年龄的不断增长,儿童的认知水平也逐步得到了提高,在这一时期,儿童的自我中心减少,普遍能从母亲的角度看待问题。亲子关系在这一时期表现得更为复杂。在这一时期,儿童普遍能认知并理解母亲的情感和愿望,知道父母离去的原因,也清楚什么时候能回来,这时儿童的分离焦虑就会大大降低。在遇到一定的情况时,儿童会同父母进行积极的协商,亲子之间的关系越来越和谐。

第三节　学前儿童积极情绪、情感的培养

一、学前儿童积极情绪的培养

(一)营造良好的情绪环境

学前儿童的情绪非常容易受到周围环境的影响和感染。可以说,学前儿童的情绪发展主要依靠周围情绪氛围的熏陶,其作用比专门的理论说教要大得多。因此,学前儿童情绪的健康发展与培养,首先就要营造一个良好的情绪环境。

1. 保持和谐的气氛

随着现代社会的不断发展，人与人之间的竞争越来越激烈，长期在这样的背景和氛围下，人们就很容易产生心理紧张、焦虑的情绪反应。当大人出现以上不良情绪后，儿童也会受到一定的感染，这非常不利于儿童的发展。因此，作为一名家庭成员，一定要努力营造一个良好的家庭氛围和环境，大家和谐相处，避免发生矛盾和冲突。

在幼儿园中，教师也要为学生营造一个良好的教学氛围或环境，引导学生向着积极的方向发展。在具体的班级中，教师要以积极的情绪面对儿童，平等对待每一个儿童，并建立合理的行为规范，确保儿童的健康成长与发展。

2. 建立良好的亲子关系

建立良好的亲子关系对于儿童的发展具有重要的意义。亲子关系突出表现为儿童对家长的依恋。家长与儿童分离后，儿童通常会出现一定的分离焦虑情绪，如果家长处理不当就容易出现一定的问题，有可能会导致儿童的情绪发展障碍，因此要引起重视。

当儿童初次进入幼儿园时，分离焦虑表现得最为明显。儿童由于长期生活在熟悉的家庭环境中，突然离开了亲人就会感到焦虑和不安，出现消极的情绪。教师要对此进行必要的引导，舒缓儿童焦躁不安的情绪，促进儿童身心健康发展。

3. 建立良好的师幼关系

师幼关系是指儿童在成长过程中第一次开始与亲人以外的重要他人建立的一种人际关系。儿童步入幼儿园是其走向社会的第一步，良好的师幼关系会在一定程度上影响儿童情绪的发展。在这一时期，儿童的各方面发展都还很不完善，无论在生活还是其他方面都需要教师的照顾。例如，幼儿园小班的儿童就很乐意与教师产生身体的接触，抱一抱或者摸一摸都会给儿童带来积极的情绪。这种良好的师幼关系能促使儿童获得积极的情绪，促进儿童心理健康发展。

(二)教育态度要积极

学前儿童在各方面的发展都还很不完善，这就需要成人的引导和帮助。为培养儿童积极健康的情绪体验，成人要注意采取积极的教育态度，主要包括多肯定、多鼓励，耐心倾听儿童的心声，正确运用暗示、强化等手段。

1. 肯定和鼓励

成年人对儿童进行一定的鼓励，对其施以肯定的评价后，儿童就会获得心理的满足，从而激发其积极的情绪参加各种活动。例如，某位儿童不喜欢倾听，不喜欢听故事，某一次偶然的机会，在听了故事后获得了老师奖励的小礼物，这时他就会有一种满足感，从此喜欢上了让别人讲故事。在现实生活中，有一些家长常常对孩子施以负面的评价，如"你不行""你太笨了"等，长期处于这样的负面评价下，儿童就会产生消极的情绪，面对任何事物都提不起兴趣，影响儿童的身心健康发展。因此，在平时的生活中，家长要多给儿童施以积极的评价，使其获得愉快的情绪体验，这样才能促进儿童的心理健康发展。

2. 善于倾听

作为家长和教师，一定要学会耐心倾听儿童的说话，这对于培养儿童积极的情绪具有重要的作用。据调查表明，与父母交流较多的3岁儿童，在步入小学后通常能很好地处理与同学之间的关系，能自己解决各种争端。儿童通常愿意与家长分享自己的想法，但家长因为工作忙或各种原因会对他们的讲话缺乏必要的反应和兴趣，这严重打击了儿童的积极性，不利于儿童积极情绪的培养。长此以往，儿童就会变得孤独、压抑，不爱与人交流，甚至有发生自闭症的可能,家长和教师一定要引起高度重视。在平时的生活和学习中,一定要善于倾听儿童的想法,帮助其建立积极的情绪。

3. 正确运用强化等手段

学前儿童的可塑性非常高,情绪非常容易受周围事物或人的影响。例如,当儿童摔倒时,家长说"不哭,自己爬起来!"此时儿童就能获得一种积极的暗示,在今后跌倒时能够自己爬起来。如果家长常常说"你真胆小,什么都不敢做",儿童就会形成一种消极的心理情绪,遇事会退缩,不敢主动去解决问题。

又如,妈妈要去上班,儿童常会因为分离而焦虑和哭闹。此时,妈妈为安慰孩子,会给孩子某件喜欢的物品。虽然这能暂时缓解儿童的哭闹,但长期来看,这种做法是不妥的,今后遇到相似的情形时,儿童会哭闹的更加严重。

(三)帮助儿童控制情绪

学前儿童的自制力较差,在很多情况下都不能够控制自己的情绪,作为家长和教师,可以采用一些方法和手段来控制和调整儿童的情绪。

1. 转移法

转移法是指将儿童的注意力从引起情绪的刺激物转移到其他物体上的方法。例如,儿童通常都不愿意接种疫苗,这时就可以利用手机、图书等物品转移儿童的注意力,使其忘掉打针的痛苦。又如,儿童在商场看到某一个玩具,恳求家长买这个玩具时,家长说"我们去别的地方看看,还有更好玩的玩具",这时儿童就会停止哭闹,听从家长的指挥。但这种方法并不适用于每一名儿童。总体而言,对于4岁左右的儿童,家长要尽量采用精神转移方法而非物质转移方法,精神转移法往往能取得更好的效果。

2. 冷却法

冷却法是指当儿童情绪激动时,可以采取暂时置之不理的方法。在平时的生活中,当儿童出现愉快的积极情绪时,家长给予一定的关注和回应,而当其出现消极情绪时则假装不去关注,在这样的情况下,久而久之,儿童的消极情绪就会慢慢消失。在遇到儿童情绪激动的情况时,家长不要对其发火,否则儿童就会更加激动,不利于情绪的平复。

3. 消退法

消退法是指逐渐撤销促使某些不良情绪和行为产生的因素,从而减少这些情绪和行为的发生。大量的实践表明,消退法能很好地纠正儿童的不良情绪,帮助其建立和养成积极的情绪。例如,儿童在初次进入幼儿园上学时会表现得大哭大闹,这时家长可以陪伴孩子一段时间再离开,对其哭闹不予理睬,经过一段时间后,孩子的哭闹就会逐渐减少,最终孩子就会养成乐于在幼儿园上学的习惯。

(四)教会儿童调节情绪

在平时的生活中,家长要有意识地引导儿童学会调节自己的情绪。通过家长的引导和教育,儿童逐渐就会明白大哭大闹、大发脾气等是不正确的行为,这种行为并不能带来好的结果。

一般来说,调节儿童情绪的方法主要有反思法、自我说服法和想象法等几种。

1. 反思法

反思法是让儿童自己去思考自己的情绪表达是否合适的方法。这种方法能帮助儿童学会独立思考,提高自我认知与发展能力。例如,儿童在自己的需求没有得到满足而产生消极情绪时,家长可以引导其反思这种行为是否正确。久而久之,儿童在获悉哭闹并不能带来好的结果时就不再产生这种消极情绪。

2. 自我说服法

自我说服法是让儿童通过自我暗示来宣泄不良情绪的方法。对于刚进入幼儿园的儿童而言,可以跟他说:"好孩子不哭。"他们起先是边说边抽泣,以后渐渐地不哭了。当儿童之间发生一些言语或肢体冲突时,教师不要一味地对其说服教育,要让他们讲述冲突的过程,儿童会在讲述的过程中越来越平静。

3. 想象法

想象法就是让儿童通过想象创造的情境来调节情绪的方法。当儿童遇到一定的困难时,可以引导其把自己想象成是动画片里的某个英雄人物,儿童通过想象动画片英雄人物的故事情节能建立自信心,平复自己的激动情绪。

二、学前儿童情感的培养

(一)提高儿童的认识能力

通过心理学理论可以得知,情感和认知是人心理过程的两个重要组成部分,二者之间有着非常紧密的联系。个体的情绪和情感总是伴随着其认知过程而产生和发展的。一个人有着什么样的认识,便会有什么样的情绪和情感,面对一件事物,如果你认为它是美的、有价值的,就会产生积极的情绪和情感;如果你认为它是丑的,则会带来消极的情绪和情感,会对其产生厌恶感。另外,人的各种情绪和情感的性质也是和一个人所具有的认识分不开的。情绪和情感反应本身不具有道德评价的含义,但与个体的认知联系后,便产生了道德评价的含义。例如,一个人看到一个小偷偷东西,他不但不制止,反而格外高兴,我们一般会对这样的人持否定的评价,认为他缺乏起码的道德良心。因此,教师应该有计划、有目的地向学生讲清楚道德规范和行为准则,使他们对事物的好坏、是非、善恶、美丑能够进行辨别和评价,从而产生相应的爱憎。俗话说:"知之深,爱之切。"只有不断提高儿童的认识水平,才能进一步提高他们的情绪,让儿童获得良好的情感体验。

(二)创设情境

人的情绪和情感是在一定的客观刺激下出现的,因此要管控好自己的情绪,就要找到客观刺激物的来源。个体面对不同的情境、对象,会产生不同的感情:与家人在一起,产生的是一种亲情;与一般的朋友在一起,产生的是友情;与异性朋友在一起,产生的可能就会是爱情。对儿童而言,他们的情绪和情感还不够稳定,容易出现极大的波动,因此,在培养儿童的情绪和情感时,需要有意识地设计一些教育情境来诱发儿童的情绪和情感。例如,重新布置教室环境、组织儿童观看影视片、举行小型的运动会等,这些都能有效激发儿童的积极情绪,丰富儿童的情感生活,促进其身心健康发展。

(三)提高儿童调控情绪和情感的能力

对于儿童而言,要想建立和形成良好的人际关系,首先就要合理地控制好自己的情绪,建立完善的人格。作为家长和幼儿园教师在平时的生活中要善于观察和掌控儿童的情绪变化,对其进行必要的引导。在实际的教学中,教师应抓住一切机会,教给儿童调控情绪和情感的方法,帮助其合理地抒发自己的情绪和表达情感。例如,在儿童出现愤怒的情绪时,可以引导其向亲密的人说出自己的感受;在感到烦躁时,可通过做游戏、读书等来改变心境等。同时,还要引导儿童设身处地地为他人考虑,引导儿童做出适当的情绪和情感反应,促进其心理健康发展。

(四)营造良好的环境

大量的事实表明,学前儿童的情绪和情感容易受周围环境的刺激,在周围环境刺激下,儿童的情绪会出现较大的波动。因此,一个和谐、愉快的生活环境对儿童具有较强的感染力,能使儿童情绪受到潜移默化的影响,对于儿童良好情绪与情感的发展具有积极的作用。

因此,营造一个良好的环境对于儿童情绪、情感的培养非常重要,通常情况下,主要从物质环境与精神环境两个方面来营造。

1. 物质环境

物质环境是指给儿童活动提供的环境设施。一般来说,宽敞的活动空间、优美的环境布置、整洁的活动场地、充满生机的自然环境,会使儿童情绪愉快,开朗活泼。而在狭小的场地,儿童活动空间小,会导致儿童情绪压抑、烦躁不安。这些都说明儿童生活的整体环境对其情绪发展的影响是不容忽视的。至于幼儿园中充满变化、丰富多彩的学习环境也能充分激发儿童的学习兴趣,培养儿童积极的情感,这对于儿童的身心健康发展是非常有利的。

2. 精神环境

精神环境对儿童情感培养的作用也不容忽视。对学前儿童来说,精神环境主要指人际环境,包括家庭和幼儿园的人际环境。愉快和谐的家庭环境对学前儿童情感的发展具有积极的影响。如果儿童长期处于压抑的家庭氛围中,儿童则容易形成恐惧、焦虑、自卑的心理,长此以往,儿童容易出现一些自闭心理或各种心理问题,影响其健康发展。

学前儿童在进入幼儿园后,如果他觉得教师喜欢他,小朋友喜欢他,他就会爱上幼儿园,情绪也会很愉快。反之,如果教师不喜欢他,经常不理睬他或者训斥他,小朋友也不跟他玩,他在幼儿园里就会觉得孤独,不愿去幼儿园,身心发展就会受到影响。

除此之外,成人各种言语和行为也会对儿童的心理产生重要的影响。俗话说,父母是孩子的第一任教师,父母的情绪是否稳定乐观影响着儿童情感的发展。父母的情绪表达方式和特点为学前儿童的情绪表达提供了最初的范例,如父母习惯用争吵、打架来表达自己愤怒的方式会直接导致儿童的攻击性行为。教师作为孩子在幼儿园生活的组织者和领导者,其情绪的变化直接影响着全体儿童。如果教师自己闷闷不乐、郁郁寡欢,儿童的情绪也就愉快不起来。长期处在这种压抑的环境下,极易造成儿童的抑郁等不良情绪。因此,成人应该学会自我控制,在儿童面前,尽量克制由于生活中各种不愉快的事物造成的不良情绪,多向儿童展现积极情绪,这样才有利于儿童健康情绪与情感的发展。

另外,在平时的生活中,家长还应注意多鼓励和帮助儿童,指导儿童积极动手,提高自主参与能力。这样,儿童会感到愉快活泼,形成积极热情、自信心强的良好情绪与情感。如果成人粗暴、冷淡,动辄训斥,会给儿童带来精神上的紧张,造成情绪萎缩、适应性差。而成人不公正的对待容易造成儿童嫉妒、心胸狭隘,溺爱则容易造成任性、冲动等不良品质。这对于儿童的未来发展都是非常不利的。

总之,为促进学前儿童积极情感的培养,成人要力争为其创设和营造良好的物质环境和精神环境,让儿童感受轻松、愉悦的氛围,感受生活的乐趣,从而促进自身积极情绪和情感的发展。

(五)建立合理的生活制度,安排丰富的生活内容

大量的事实表明,在合理的生活制度下,儿童能养成良好的行为习惯,也有助于儿童情绪的稳定,促进情感的发展。很多家长和教师在儿童期就给孩子安排过多的学习任务,这样做不但没有加速儿童的发展,反而可能造成儿童情绪的紧张、焦虑等消极情绪。为此,家庭、幼儿园都应注意为儿童建立科学合理的生活制度。受学前儿童认识过程的无意性特点的影响,新颖多变的、丰富多彩的活动内容容易调动孩子兴趣,使儿童沉浸在轻松活泼的情绪之中;而单调、枯燥的活动则易使儿童感到疲劳,产生厌倦、不愉快的情绪。

另外,作为家长和教师,还要注意不要长时间让儿童从事某一种活动,要充分利用各种教学资源,有目的、有计划地开展集体活动和自主活动,积极培养儿童的兴趣,帮助儿童养成良好的行为习惯。游戏是学前儿童的主要活动,开展游戏活动对儿童情绪的作用是十分有利的。因为游戏不仅使儿童直接从活动本身获得快乐,还可以满足学前儿童的多种需要,而这些需要的满足就会使儿童获得更大的快乐。适度的教学活动能激发学前儿童的好奇心、求知欲,有利于培养儿童的理智感、美感等高级情感。而在日常生活中,让儿童充分独立自主地活动,积极地与小伙伴进行交往,这样也有利于预防儿童消极情绪,促进儿童积极情感的发展。

三、培养学前儿童情绪、情感的具体策略

(一)善于发现与辨别孩子的情绪

一般来说,学前儿童的情绪具有一定的自发性特点,在遇到某件事情时,儿童的情绪表现非常明显。而学前儿童的情绪则具有一定的外露性,他们对自己的情绪从不掩饰,这就为成人发现与辨别儿童情绪提供了条件。例如,一个儿童吃早餐时还活泼好动,有说有笑,吃饭后妈妈准备带他上幼儿园时突然默不做声,甚至哭闹起来。妈妈就可以分析出孩子可能今天不太想去幼儿园。为什么不想去呢?通过和孩子耐心交流,妈妈知道昨天在幼儿园老师批评他了。妈妈就要和老师配合,共同对他进行心理疏导。

通常情况下,学前儿童的行为能在一定程度上反映其内心品质,老师和家长在察觉孩子的不同情绪后要正确进行分析。对儿童的情绪应以肯定为主,要耐心倾听孩子说话,分析其产生情绪的真正原因,并学会理解和接纳儿童的情绪。对那些有益的情绪,要及时表扬并加以保护,而对那些不良情绪,则要采取有针对性的措施和手段加以纠正,这样才能有利于儿童积极情感的

培养。

(二)注意儿童的个别差异,"因材施教"

在学前儿童发展的早期,儿童的情绪就呈现出鲜明的个别差异性。例如,有的孩子比较外向,高兴就笑,不顺心就大吵大闹,但这种孩子的情绪往往来得快去得也快。有些孩子则比较内向敏感,往往因为一件小事就躲到一边闷闷不乐,但并不表现出强烈的行为。因此,要针对不同的儿童采取不同的方法。例如,对有的儿童的不良情绪可采取冷处理的方法,即当他情绪冲动时不过分关注他,不火上浇油。等他稍稍平静一些再给他讲道理,帮助他学会自我控制,对另外一些儿童要细心地说教,慢慢缓解其不良情绪。

(三)培养儿童积极情绪,减少消极情绪

在学前儿童发展的早期,他们就出现了积极情绪与消极情绪这两种情绪。儿童情绪本身尽管具有自发性,但它更具有情境性,易受周围环境和刺激的影响,敏感而又脆弱,所以非常需要成人的保护和关心。成人的正确引导能使儿童情绪更多地表现出积极性的一面,而不正确的教养态度则容易造成孩子情绪发展不良。因此,在现实生活中,成人要注意正确对待孩子的情绪行为。

对孩子的不良情绪成人也要有正确的认识。要认识儿童的生活是丰富多彩的,其情感世界也同样会风云变幻。当孩子在生活中遇到挫折时,也会产生消极情绪,如孤独、悲伤、焦虑、愤怒、害怕。要认识到这些消极情绪是不可避免的,也是正常的。成人要接受儿童的适度的消极情绪,因为这也是儿童多彩生活的一部分。

家长和教师在了解了儿童的情绪后,要学会正确运用暗示和强化,增进良好行为发生的次数,减少儿童的不良情绪。儿童发生了积极的情绪体验时,教师应及时地、适度地予以精神的或物质的奖励。而当儿童出现不良的情绪表现时,教师可以不予理

会，不一定立刻进行处理，以消除其不良情绪。但当孩子产生严重的不良情绪时，作为家长和教师，其任务不是要求儿童压抑、隐藏他们的消极情绪，而是要采取切实可行的办法来进行干预。比如，可以教给儿童正确、合适地表达自己情绪的方法，也要为孩子创设发泄情绪的环境和情境，培养孩子多样化的发泄方法，并学习自我疏导。不要让幼小的心灵总受消极情绪的压抑。除此之外，家长和教师还可以通过转移注意力的方法来改变儿童的不良情绪，但这种方法要使用得当，切忌滥用，否则就容易影响儿童自制能力的提高。

第四章 适应社会:学前儿童的社会性教育

人具有社会属性,任何一个人都生存在一定的社会环境中,并需要不断融入社会环境中去,在社会环境中谋生存、谋发展。学前儿童从家庭环境进入社交环境,这是非常重要的一个接触社会和融入社会的关键时期。了解学前儿童的社会性心理和行为,对学前儿童的社会性发展进行正确引导,有助于学前儿童更好地认识社会、理解社会、融入社会,并在社会中建立自己的和谐人际关系,有助于促进学前儿童的社会性良好发展。本章就重点对学前儿童的社会性发展规律与特征进行深入解析,以为更好地了解与理解儿童的社会性行为提供理论指导,并通过科学教育方法引导促进儿童更好地适应社会。

第一节 学前儿童社会性的内涵

一、社会性发展的含义

(一)人的社会属性

人具有社会属性,人需要在社会环境中生存、成长。每个儿童从一出生,就开始了由一个自然人向社会人转化的过程。有社会学家研究指出,当孩子对母亲的爱抚有表情和动作的回应时,其就开始融入现代社会,开始有了最初的社会交际,此后,个体的社会性行为与行动就开始不断地得到丰富与发展。

学前时期,幼儿的生活与学习中心从家庭环境中过渡到幼儿园环境中,与同伴集体生活与交流,这对于幼儿的社会性心理和社会性行为的发展是具有重要作用的。幼儿的学前时期作为幼儿正式踏入社会的一个关键时期,是人的一生中社会性发展的关键时期,学前时期幼儿社会性发展的好坏直接影响儿童以后的发展。在学前时期内加强对学前儿童的心理健康教育、社会道德教育、社会性发展教育具有重要意义。

(二)社会性与人的社会性发展

社会性也称"社会化",是人不能脱离社会而孤立生存的属性。具体来说,社会性指人们在社会交往过程中,建立各种人际关系,掌握和遵守社会行为准则以及控制自身行为的学习过程。[①]

社会性是作为社会成员的个体为适应社会生活所表现出的心理和行为特征,及个体适应社会生活的具体生活方式。对于任何一个个体来说,作为社会成员,其在社会环境中生活、学习、工作,就必须要接受社会价值观的影响,必须尊重社会伦理道德的约束,必须尊重必要的社会公共秩序与道德,如此才能在社会中安定有序地生活、学习、工作。与此同时,个体在与社会的相处过程中,会提高个体适应社会环境的能力,也会不断促进个人人际关系的完善与发展。

社会化是一个终身的过程,从婴儿期到老年期,贯穿人的一生。

(三)学前儿童的社会性发展

儿童的社会性发展又称"儿童的社会化",具体来说,指儿童从一个自然人逐渐掌握社会的道德行为规范与社会行为技能,成

---

① 王坚.学前儿童心理健康教育[M].北京:北京师范大学出版社,2015.

第四章 适应社会：学前儿童的社会性教育

长为一个社会人,融入社会的过程。

学前儿童的社会化是学前儿童心理发展过程中一个非常重要的内容。儿童的社会化过程是在与社会中的人进行接触、与社会中的人进行交流而实现的。任何人都不能脱离社会独自生活,包括儿童。

社会性是一种静态形式,但是,学前儿童的社会性发展过程是一个动态发展的过程。从婴儿到学前期,个体社会性的动态发展与学前儿童的社会关系接触和探索有关、与学前儿童的认识水平、交往能力的不断提高也有关。

首先,人一出生,作为新生儿,具有人的生理属性,但是不具备任何社会属性,客观世界的一切对他们来说都是陌生的,他们不认得生活中的任何东西和任何人。一个人从刚生下来,到与社会中的人互动、发生关系,这些就是个体的社会性发展过程。学前儿童的社会性发展过程就是学前儿童从刚出生时作为一个具有人类生理结构的生物人,不具备社会属性,到与家人互动、到幼儿园与同学和老师互动,这些社会关系的互动都促进了学前儿童的社会性发展。新生儿在几个月之后,同外界环境相互作用,他/她的社会性发展也就逐渐开始。出生后数月的婴儿会对人有反应,看到有人来了就高兴得手舞足蹈,找人,身边没人时哭叫。在妈妈的精心照料下,他们逐渐熟悉妈妈的声音、妈妈的脸,婴儿逐渐体会到他的许多需求能够从母亲那里得到满足。这种体会会让他们对母亲产生信赖,建立起婴儿与母亲在情感上的依恋关系。这种情感依恋关系是婴儿形成的最初人际关系。因此,婴儿会有"认生"现象,见到妈妈就高兴,不喜欢陌生人,见到陌生人有回避和抗拒的表现。这些变化都是源自于新生儿的社会性发展,他们对周围的世界开始有了自己的判断。在进入幼儿园之后,接触到同伴、老师、其他小朋友的家长,会明白在社会关系中与人相处的一些法则,并在老师的教育下,逐渐接受社会的各种道德行为规范,同时即便是在周围没有人时,也会按照一些社会道德规范作为自己行为的标准。这就说明,学前儿童已经从一个生物人逐渐发展成一个社会人,实现了自我的社会性发展。

其次,学前儿童的社会化会随着他们的认识水平、交往能力和交往范围的变化而发生变化。随着学前儿童适应环境能力的不断增强,他们的社会交往需求也能够通过自己的努力得到很好的满足。例如,在婴儿时期,婴儿的社会性微笑、哭、陌生人焦虑等行为的发展,都说明婴儿有许多需要得到满足,有和外界进行交流的强烈欲望。婴儿的这种社会性交往需求会在父母那里得到满足,母亲会给婴儿喂奶,在婴儿哭泣时给予安慰、安抚,哄婴儿入睡、陪婴儿玩耍,父母也会与小宝宝进行多社会性的动作和他们互动,如微笑、抚摸、呼唤、拥抱等。同样的,小宝宝会对父母的社会性互动给予反馈,如笑、开心、依恋等。从社会学角度来讲,父母能满足婴儿的需求,对婴儿来说具有着绝对性的权威,父母通过自己的语言、姿势、动作和各种面部表情等对婴儿施加影响,婴儿习惯并愿意依从父母的指令和意图,有学者研究并证实,个体在与父母的相处过程中所形成的这种最初的人际关系对婴儿的心理发展会产生非常深刻的影响。再如,在学前时期,幼儿刚进入幼儿园时,都会有失落、哭闹现象,之后随着与同伴和教师不断接触和交往,他们开始拥有了自己的朋友,并形成自己的交往标准,能在幼儿园有固定的朋友,再到逐渐喜欢幼儿园的生活,交往活动也开始变得丰富多样,交往对象也在不断增多,交往能力不断增强,从最初的抗拒幼儿园生活到喜欢与同学和老师接触,这就是学前儿童的社会化。

总之,学前儿童的社会化就是学前儿童在特定社会条件下逐渐独立地掌握社会规范、正确处理人际关系、妥善自治,适应社会生活的心理发展过程。

二、社会性发展对学前儿童发展的意义

(一)社会性发展是儿童健全发展的基础

一个身体和心理健全的人,必然是与周围的各种社会关系、

其他社会成员能很好相处的人。学前儿童的社会化对学前儿童的全面发展起到非常重要的作用。它是学前儿童各方面全面发展的重要组成部分,是衡量现代教育成功与否的重要指标。

现代教育提倡素质教育,新的教学理念与观点认为,让儿童"学会做人"的教育远比知识和智能教育重要,重视社会性教育这一主题已经成为现代教育观念转变的一个主要标志。而要通过现代教育培养身心健康全面发展的人,就必须要重视学生的社会性健康发展,从幼儿时期就关注学生的社会性发展,通过引导教育促进儿童的社会性发展是现代教育最重要的目标。

研究认为,个体的健康发展主要包括三个方面的内容,即体格发展、认知发展、社会性发展,这三个方面的发展又是相互影响、相互制约、相互促进的关系。

1. 体格发展

身体健康是个体健康发展的重要基础,如果没有强健的体格,则其他一切都是空谈。人在其一生发展的任何一个时期、任何一个阶段,都应该重视强身健体,塑造健康的体格。

2. 认知发展

人的认知具有客观规律性,随着个人知识水平的提高和年龄增长与社会阅历的丰富,可促进个体认知水平的提高,个人的认知水平将直接决定其对于周围的人事物是否能正确处理,如果个体不能很好地处理与周围环境的关系,则就不能在特定的环境中获得良好的发展。

个人的认知发展是由多方面的因素所决定的,如遗传因素、智力因素、社会经验、对爱的需求与满足程度等,都会导致个人认知发展的程度不同。

3. 社会性发展

学前儿童社会化的程度将会直接影响到学前儿童人格发展

的质量。

教育学者和教育工作者普遍认为，如果学前儿童只有良好的感知觉、记忆和思维等能力，不具备良好的情商，社会性发展不足，也会影响儿童的身心健康发展。20世纪90年代，美国哈佛大学心理学博士丹尼尔·戈尔曼（Daniel Goleman）在《情感智力》（*Emotional Intelligence*）一书中强调了情商对于个体成功的重要影响，由此便有了"情感智力"的概念，这一概念将社会性发展的作用提到一个新的高度。之后，美国当代儿童心理学家劳伦斯·沙皮罗（L. Snarplro）出版《EQ之门：如何培养高情商的孩子》一书，指出智商是天生的，情商却是靠后天培养的，情商是与人的社会性有关的重要因素，可以通过后天的教育形成，要想使个体具有较高的情商水平，应注重对个体情商的从小培养，学前时期，教育工作者应注重对学前儿童的情商培养。如果学前儿童不能同情和关心他人、表达和理解感情、控制情绪，不能坚持不懈、友爱、善良及尊重他人，不能很好地解决人与人之间关系，则说明学前儿童的社会化没有跟上发展的步伐，他的心理发展是不全面的。

很多个人发展事例表明，学前儿童的社会性发展是否良好对其以后的身心健康发展有着重要的影响。学前儿童只有不断地进行社交互动，才能让自己的人格特质得到充分的发展和完善。正是在与社会、与社会中的人在不断地交往过程中，学前儿童的社会适应能力、社会创造能力才不断得到锻炼。

现阶段，我国对学前儿童的社会性发展教育重视程度还不够，很多父母会过多地关注学前儿童的知识掌握情况，而忽视学前儿童的社会性发展。日常生活中，学前儿童的社会化在学前儿童期没有形成，在进入小学、中学、大学，乃至进入社会之后，很多人都存在与社会相处的各种问题，这就更加凸显出关注学前儿童的社会性健康发展的重要性，社会性发展是儿童健康发展的重要基础。

（二）社会性发展是儿童未来发展的基础

学前时期是儿童社会性发展的关键时期，学前儿童的社会性发展不仅是学前儿童在当下健康发展的重要基础,也是学前儿童未来健康发展的重要基础。

学前儿童是儿童真正从家庭步入社会、接触社会的一个重要时期,学前儿童期是学前儿童社会化的关键时期,是学前儿童未来发展的关键年龄。学前的社会性发展在人一生的社会性发展中占有极其重要的地位,是一个人未来人格发展的重要基础,此阶段社会性发展的好坏直接关系到其未来人格发展的方向和水平。

从个体的社会化发展阶段和过程来讲,学前时期,儿童之间就已经表现出较为明显的个体差异,学前儿童的社会认知、社会情感及社会行为技能都得到了迅速发展,并开始逐渐显示出较为明显的个人特点,如有的孩子是非观念较强;有的孩子是非不分;有的孩子对人友好,受人喜欢;有的孩子任性、自私,不与人交往,不受人欢迎。

很多人的性格、品质都是在儿童时期形成的,学前时期是个体性格与品质成长发育的关键时期,是学前儿童培养他们的社会认知、社会情感及社会行为技能的关键时期。学前时期的儿童社会性发展的好坏是儿童以后社会性发展的基础,此阶段的学前儿童的社会性健康发展,会给学前儿童的心理健康带来很大帮助;反之则不利于儿童以后的健康发展。有调查研究证实,自私、自闭的人多与儿童时期缺少关怀、不能很好地处理人际关系有很大的联系,这充分表明,学前时期的儿童社会性健康发展对儿童入学以后的学习、交往有非常大的影响。

三、学前儿童社会化过程的主要内容

学前儿童社会化的过程包括四个方面的内容,具体涉及儿童的人际关系、性别认知、亲社会行为、攻击行为等的发展。简单分析如下。

(一)人际关系的发展

人际关系是人在社会环境中与其他社会成员接触过程中必然会形成的社会关系,学前儿童作为社会中的重要成员,也必然会形成自己的人际关系。

学前儿童的人际关系发展分为以下三类。

1. 亲子关系

所谓亲子关系,指父母等抚养人与子女的关系。主要指父母与子女的情感联系和教养方式,是一种基于血缘关系、教养关系、抚育关系而形成的一种稳固的关系。

2. 同伴关系

所谓同伴关系,指学前儿童与其他儿童之间的关系,主要是指不同社会个体由于年龄相仿而在一起参与活动而形成的交互关系,这种关系具有平等性、互惠性。

3. 师生关系

所谓师生关系,指进入幼儿园后,儿童与幼儿园教师形成的一种关系,是与父母之外的人建立的一种关系,从某种意义上说,幼儿与老师的关系也是一种教养关系。

(二)性别角色的发展

性别角色指由于人们的性别不同而产生的符合一定社会期望的品质特征,包括不同性别所特有的人格特征、社会行为模式和态度。[1]

从社会性别构成来看,社会成员由男性成员和女性成员构成,不同性别成员的社会角色扮演、社会地位在不同的历史时期

---

[1] 王坚. 学前儿童心理健康教育[M]. 北京:北京师范大学出版社,2015.

会表现出明显的特征,处于某一时期的不同性别的儿童从小就会接受不同性别角色的教育,这些性别意识与性别行为都会在儿童学前时期对儿童产生重要影响。

性别角色是构成人的社会化过程中的重要且延续终身的内容。

(三)亲社会行为的发展

亲社会行为是一种与现代社会以及社会其他成员主动接触和表示出友好状态的行为,具体是指个体帮助或打算帮助他人的倾向或行为,这种行为在幼儿时期就已经开始有所表现,如分享、合作、谦让、同情等。

亲社会行为对于学前儿童来说,是学前儿童的一种主动对外界社会进行探索的行为,这种行为最大的特点是使他人或群体受益,学前儿童的亲社会行为和他们的道德发展具有非常密切的关系。

在这里需要提出的是,个人对社会的态度是亲近和疏远并存的,与个人的亲社会行为相对应的是攻击(侵犯)行为。相对于亲社会行为,侵犯性行为会让他人的利益受到损害,可导致其他社会成员对具有侵犯行为的人逐渐疏远。

对于学前儿童来说,他们在刚刚接触社会的过程中,如果表现出过激的对其他同伴和教师的侵犯行为,应深入了解儿童是否存在认知、缺乏安全感、诱因刺激等心理健康问题。教师应重视对学前儿童的社会性发展引导。

亲社会行为的发展是学前儿童社会化发展的一个重要参考内容。

(四)攻击性行为的发展

攻击性行为又称侵犯性行为,是与人相处过程中的一种不友好的行为,更多时候是会侵犯到他人的利益,对于行为者来说,是以伤害他人为目的的各种行为,如打人、骂人、向他人挑衅等。

学前儿童的人际关系处理中,攻击性行为是一种非常不好的社会行为,在与同伴的相处过程中,不受欢迎却经常发生。发生这种行为的原因有很多,但不管是什么原因,这种行为于人于己都是非常不利的,攻击性行为的习得不仅影响学前儿童的道德发展和人格发展,也直接影响学前儿童社会化的质量。

在学前儿童的生活学习中,教师和家长应该注意对儿童的观察,关注儿童是否存在攻击性行为或者攻击性行为倾向,应重视对儿童的正常认知和观念引导,教会儿童正确表达、有效控制自我行为。

四、学前儿童社会性发展的促进

(一)活动促进

学前儿童认知外界人、事、物,是通过具体的事物和活动来进行的,在幼儿园生活中,学前儿童所参与的主要活动就是各种游戏,通过游戏的形式寓教于乐,让学前儿童学会认知、学会与人相处。

具体来说,学前儿童在幼儿园内的一切生活内容,如上学、吃饭、睡觉、课程活动、自选活动、游戏、放学等是学前儿童日常生活中必不可少的内容,学前儿童通过参与这些活动,与周围的事物、与班级中的同学和老师接触和互动,从而参与到社会活动中来,这正是促进学前儿童进行社会性发展的重要和有效途径。

1. 游戏活动

在幼儿园的各项活动中,游戏是学前儿童最主要的活动。在和其他小伙伴玩游戏的过程中,他们会从中更多地了解自己和他人的想法,他们也可以从中了解自己的行为与后果的关系,以便更好地调整自己的行为。

整个社会是一个非常复杂的系统,每一个人都在社会中扮演着不同的社会角色,而在游戏过程中,学前儿童会扮演不同的角色,他们会体验不同角色的情感和态度,了解不同社会角色应该具有的行为方式,从而更能理解他人和社会。

通过游戏培养和促进学前儿童的社会性发展,具体要求如下。

(1)教师需要给予足够的重视,积极地为孩子们创造游戏条件。

(2)游戏活动需要针对性,针对不同的学前儿童应该设计不同的游戏,相同游戏对不同儿童的社会性发展促进的效果是不一样的。

(3)游戏活动应多样化,多样化的游戏会刺激学前儿童在社会化过程中不同能力的全面发展。

(4)组织丰富多彩的其他社会实践活动,如艺术欣赏、参观博物馆、逛公园等活动,促进学前儿童的社会化。

2. 日常行为规范

学前儿童每天从入园开始,就必须要遵守园内的各种行为规范和标准,这些行为规范和标准是与整个社会的道德规范标准相符的,对于学前儿童来说,良好行为习惯的养成对其日后的成长和融入社会具有重要意义。

幼儿园日常行为中对幼儿的社会性发展促进举例如下。

(1)学前儿童进入幼儿园或离开幼儿园时,与老师和同学问好、再见,这是基本的人际交往中待人接物的礼貌行为。

(2)课程活动中,教师通过游戏或者活动组织教儿童学会分享,教会儿童如何处理与他人的关系。

(3)午睡的时候则可以教导儿童不能轻易打扰他人休息,教会儿童理解他人,能站在他人的角度和立场上去思考问题,同情、体会他人的感受。

(4)通过教学游戏活动培养儿童的独立性和自觉性,让他们学习如何与人交往,学会如何助己助人,从而促进儿童的社会化。

(二)交往促进

学前儿童的社会性是在和他人的共同活动中逐渐形成的。有效运用交往策略可以为学前儿童赢得更多的交往机会,以促进他们的社会性得到更好的发展。

无论是在家庭还是幼儿园环境中,父母和教师都应该关注儿童的与人交往情况,并结合每一个儿童的具体情况,训练他们掌握有效的交往技能,提高其社会交往和适应能力。

实践表明,学前儿童的社会交往行为与社会性发展促进是有非常密切的关系的,任何人的社会交往都需要一定的策略,儿童的交往也需要一定的交往策略。一般来说,在社会交往关系中,学前儿童熟练地掌握、建立并保持良好的社交技能对他们的社会化会起到非常大的作用。不同交往类型的儿童的交往策略使用有明显区别。

(1)受欢迎型的学前儿童,交往策略多,更有效、更主动、更独立。

(2)被拒绝型的学前儿童,交往策略较多,但策略的有效性比较差。

(3)被忽视型的学前儿童,交往策略较少,策略的主动性、独立性、有效性均较差。

对于学前儿童来说,其社交关系的建立需要儿童自己去进行探索,但更多地需要教师和家长去正确引导。教师与家长对学前儿童的交往应关注以下几个重点。

(1)教会学前儿童尊重他人。例如,学会倾听,不打断他人的话,不强迫他人做不愿意做的事情。

(2)教会学前儿童学会表达。例如,想加入小伙伴的游戏要主动询问,能主动向老师表述自己的情感,开心或难过。

(3)给予学前儿童实践、练习的机会。

(4)教师和父母在和学前儿童相处时,不要太过宽容和放纵,在和学前儿童进行沟通的过程中,要动之以情、晓之以理。

(三)攻击行为干预

学前儿童常见的攻击性行为有很多种,表现形式多种多样,但是大多数都是不利于孩子健康成长的,同时,不可否认也有一些是正当防卫。对此,教师和家长应对儿童的具有攻击性质的行为进行认真分析。

对学前儿童的攻击行为的科学正确引导要求教师和家长应做到以下几点。

1. 理解儿童

教师和家长应该充分地去理解儿童,了解儿童发生攻击性行为的前因后果,允许儿童用不伤害他人的行为来合理宣泄攻击冲动。

2. 关注儿童

学前儿童在与同伴和老师进行交往的过程中,可能会遇到其他同伴的一些拒绝和回避行为,而并非儿童自身产生的拒绝社交,尤其是对于鼓足勇气主动与人交往的开展来说,这容易使他们产生心理失落感,会生气和不理解,这种情况下非常容易产生攻击性行为,对此,教师和家长应该给予他们更多的关注、支持、理解和信任,同时交往被拒和拒绝交往的儿童进行帮助,教会他们与人交往中解决问题的合理方法。

3. 培养儿童的自控能力

这里所说的自控能力,主要是指学前儿童对自我的情绪和行为的控制能力,良好的自控能力有助于儿童正确输出情绪与情感,但是应注意不要让孩子憋着,要引导孩子合理表达,否则也会导致儿童的心理压力增大而产生各种问题。

更重要的是,良好的自我控制能力可以让儿童增强抗拒诱惑的能力,有效地克服自发性攻击行为,能有效地帮助儿童化解各种冲突,减少攻击性行为。

4. 培养儿童的移情能力

移情能力是一种很好的发泄和转移个人情感的能力,具体是指以个人情感的转移来消除不良情感对个体的负面影响与伤害。

儿童的移情能力需要教师和家长去引导和培养,具体可以通过角色扮演等游戏让孩子们学会换位思考。在理解学前儿童拥有攻击性行为冲动的基础上,正确引导学前儿童采取合理的方式进行宣泄,使之取代攻击性行为。

移情能力的提高,不仅有助于学前儿童正常地宣泄日常生活中的不良情绪,促进内心心理平衡的建设,也有助于交往过程中减少对其他小朋友的伤害。

5. 创设避免冲突的环境

个体之间存在客观差异,每一个学前儿童都具有其自身的性格特点、因此,不同的学前儿童在交往过程中会存在各种各样的问题,尤其是沟通方面出现问题之后,就会产生冲突,对于还没有学会很好地与同伴相处的低年龄阶段的学前儿童来说,其活动区域应该有一定间隔,防止学前儿童因空间拥挤而引起不必要的冲突和矛盾;如果在同一个区域进行活动,应给予学前儿童充足的玩具数量,避免幼儿争抢,也避免因数量少而给儿童带来压迫感。此外,在儿童活动过程中,教师和家长应时刻关注儿童的情绪和行为,尽量避免有使学前儿童发生攻击性行为的潜在因素存在。

6. 有效运用惩罚手段

任何人,无论是在什么样的情况下,发生攻击性的行为都是不对的。对于幼儿的一些攻击行为,可采取合理的惩罚手段进行儿童行为干预。具体要求如下。

(1)惩罚要及时,要使学前儿童的攻击行为得到迅速、有效的反馈。

(2)惩罚时,应向孩子讲清楚错在哪里,应该怎么做。

(3)惩罚要针对具体的行为,要适度,就事论事。

(4)针对不同儿童采取不同惩罚方式,充分考虑儿童的心理承受能力。

第二节　学前儿童人际关系的发展

一、亲子关系

(一)亲子关系的形成

亲子关系是建立在血缘和教养关系基础之上的一种父母与子女之间的关系。基于血缘近亲的亲子关系,以天然的骨肉联系为基础,使亲子双方产生天然的感情依恋。

对于绝大多数人来说,其出生之后与父母亲之间的亲子关系是最早建立的社会关系,也是人的一生中最亲密的人际关系。

亲子关系有狭义与广义之分,具体分析如下。

1. 狭义的亲子关系

狭义的亲子关系,具体是指儿童早期与父母的情感关系,即依恋。

狭义的亲子关系是儿童成人后同他人建立关系的基础,儿童早期亲子关系好,在日后能更好地与他人交往和相处。

一般来说,学前儿童对父母的依恋关系良好,说明学前儿童对爱的需求(被人疼爱)和对安全的需求(被人保护)能得到很好的满足。这种情况不难理解,在日常生活中,一般来说,在 1—3 岁离开父母、由他人抚养的孩子往往胆小、缺乏爱与安全感,在与同伴的交往过程中,主动性差、交往能力差。

2. 广义的亲子关系

广义的亲子关系,具体是指父母与子女的相互作用方式,即父母的教养态度与方式。

"父母是孩子的第一任老师",对于儿童来说,父母对儿童的教养态度与方式会直接影响儿童的性格,影响儿童个性品质的形成,对儿童的价值观、世界观也具有十分重要的影响。

父母教养态度与方式对儿童的性格影响,举例来说,如果父母态度专制,孩子容易懦弱、顺从;如果父母溺爱,孩子容易任性。

(二)亲子关系的类型

父母是孩子出生后最先接触的人,也是一个人成长发育过程中接触时间最长的人,子女在与父母朝夕相处的过程中,逐渐完成自己的社会性发展。

依恋是指婴儿寻求并企图和他人保持亲密的身体和情感联系的一种倾向。[①] 在婴儿时期,婴儿与照看者之间的亲密关系就是一种典型的依恋关系,婴儿对其他人会有"认生"现象,这就是因为婴幼儿长时间与照看者接触,彼此相互亲近,主要体现在母亲与孩子之间,依恋的方式主要是依附、跟随,婴儿与父母的依恋关系大约在出生后第 6 个月形成。此时,他们也会出现陌生人焦虑,这就是"认生"。3 岁以后,学前儿童进入幼儿园,随着儿童认知范围的不断扩大、交往对象的不断增多,幼儿的依恋对象和依恋方式也会发生变化,并进入一个新的发展阶段。

虽然所有婴儿都存在依恋,但是,由于婴儿与依恋对象的密切程度、交往质量不同,婴儿表现出来的依恋类型也会不同。一般分为四种类型。

1. 回避型

回避型依恋者,与父母的亲子相处过程中,如果母亲离开时,

---

① 郑春玲. 学前儿童心理健康教育[M]. 北京:中央广播电视大学出版社,2012.

他们并不会表现出特别的紧张或忧虑。当母亲回来时,他们也不去理会母亲,注意到母亲的时间短暂的,会接近一下母亲又走开。这种类型的儿童比较少。

2. 安全型

安全型依恋者,与母亲在一起睡,能安静玩耍,对陌生人的反应比较积极,并不会一直以为在母亲身边。如果母亲离开,儿童的贪睡性行为会受到影响,会表现出苦恼,当母亲回来时会立即寻求与母亲接触,并很快平复情绪。

相较于其他依恋关系类型来说,安全型依恋是一种较好的依恋类型。

3. 反抗型

反抗型依恋者,在母亲离开之后会表现出极端的反抗行为,此类儿童简单,母亲回来时会寻求与母亲接触,但同时,又反抗与母亲接触,如婴儿接触母亲会立刻要求母亲抱,刚被母亲抱起又挣扎着要下来玩。

与母亲相比,婴幼儿与父亲之间也存在依恋关系,从交往内容上看,父亲更喜欢与孩子做游戏,亲子互动主要发生在游戏中,婴幼儿也经常把父亲作为最佳游戏伙伴;从交往方式上,父亲更多的以身体运动方式与婴幼儿互动,如将孩子高高举起;从游戏性质来看,父亲与婴幼儿的游戏性质主要是运动游戏,运动游戏可以刺激婴幼儿的兴奋性。父亲与婴幼儿的亲子依恋关系对于婴幼儿的社会化、认知、人格等方面的发展具有重要影响。

4. 混乱型

混乱型依恋者,他们的行为常常是亲近、回避和反抗行为的结合,或神情恍惚、呆滞,或缠住母亲但身体躲避,或呆坐不动。这种类型的亲子关系是亲子关系中最不安全的依恋类型。

在陌生环境里,混乱型依恋儿童会表现得杂乱无章,缺乏目的性、组织性,前后不连贯,在日常生活中,通常来说被虐待的儿童和母亲患有抑郁症的儿童比较容易出现这种亲子关系类型。

(三)亲子关系的发展阶段

子女与父母之间的亲子关系会在不同的人生阶段出现不一样的表现。一般认为,个体对父母的依恋行为的发展可以分为以下四个阶段。

1. 无差别的反应阶段(0—3个月)

对于刚刚出生的婴儿来说,外部世界的一切都是陌生的,加上婴儿的大脑发育还不完善,婴儿对人反应的最大的特点是不加区分、没有差别,任何人与婴儿进行互动,婴儿都会对所有的人做出差别不大的反应。

对所有人的反应几乎都一样,都以抓握、微笑等相同的方式对大多数人做出相似的反应。婴儿喜欢所有的人,喜欢听到人的声音、注视人的脸,只要看到人的面孔或听到人的声音就会微笑、手舞足蹈。这是婴幼儿对外界具有好奇心,乐于接触世界的重要表现。

但是必须说明的是,在0—3个月的婴幼儿时期,婴幼儿对外界的人的反应是无差异化的,因此,不能说是真正意义上的依恋行为,这种微笑、手舞足蹈的外显行为只是满足其生理需要的手段,是一种依恋的萌芽状态。

对于婴幼儿来说,出现"认生"现象和行为之后,就说明婴幼儿开始产生依恋心理了。具体表现为,婴幼儿对依恋对象所表现出的努力接近或接触的行为,如朝向行为(注视或移近依恋对象)、主动接触反应(触摸、依偎、抚摸或爬到依恋对象身上)、离开依恋对象之后的痛苦、苦恼等。

2. 有选择的反应阶段(3—6个月)

与前一个阶段相比,处于有选择的反应阶段的婴儿对人的反应有了差别,他对母亲、他所熟悉的人及陌生人的反应是不同的。

通常情况下,与婴幼儿接触时间最长、照顾婴幼儿时间最多的那个人是婴幼儿最喜欢亲近的人,一般来说,这一角色多是由母亲来扮演,婴幼儿会对母亲表现出特别的依赖性,在母亲面前表现出更多的微笑、依偎、接近;面对其他熟悉的人,亲近反应相对要少一些;面对陌生人,亲近的反应会更少。

3. 特殊的情感联结阶段(6个月—2岁)

特殊的情感联结阶段是婴儿积极寻找与专门照顾者——母亲接近的阶段。从6—7个月起,婴儿会特别关注母亲的存在,母亲的存在会让婴幼儿感到有安全感。只要母亲在身边,婴儿就能安心地玩、探索周围环境,母亲是幼儿的安全基地。

在婴幼儿成长到7—8个月时,婴幼儿对母亲的关注行为会进一步地增强。如果陌生人靠近,他会哇哇大叫甚至哭闹不安,并寻找母亲保护和安慰。这一阶段,婴儿特别愿意与母亲在一起。当母亲离开时他会哭喊拒绝母亲的离开,当母亲回来时会表现得十分兴奋。

6个月—2岁的婴幼儿,对父亲也会形成依恋,但婴幼儿对父亲的依恋和对母亲的依恋不同。一般来说,母亲更多的是抱婴幼儿、安抚婴幼儿,与婴幼儿一起玩传统的游戏,满足婴幼儿的爱的需要。父亲则给予婴幼儿好玩的身体刺激,进行创造性更强的游戏。这一时期,与婴幼儿与母亲的关系相比,婴幼儿与父亲的关系要更淡薄一些。

总的来说,6个月—2岁的婴幼儿已经与父母建立了依恋关系,产生了真正的依恋行为,并形成对专门的一个人(通常是母亲)的情感依赖,这是婴幼儿建立社会关系的重要基础。

4. 目标调整的伙伴关系阶段(2—3岁以后)

2岁以后,从交往关系上来看,幼儿开始能从母亲的角度和立场来思考问题,能认知并理解母亲的情感、需要和愿望,在交往过程中,把母亲作为一个交往的伙伴,认识到与母亲交往需要考虑母亲的感受,并结合母亲的感受和反应来调整自己的目标与行为,但是必须说明的是,这一时期母亲与孩子之间的关系是不平等的,母亲更多的是倾向于迁就孩子。

随着认知的增加和交往对象的增多,2—3岁的幼儿在离开父母短时间内不再会有长时间的焦虑,能明白父母在离开一段时间(如上班)之后还会再回来,因此针对父母需要出去干别的事情,或离开一段时间时,幼儿也能理解,不会大声哭闹,相信父母一会儿就会回来。

3岁以后,孩子进入幼儿园,认知范围不断扩大,依恋的对象和方式也开始发生变化,进入新的发展阶段。进入幼儿园后,幼儿会逐渐对教师和同伴产生依恋,他们寻求教师和同伴的注意、赞许,而且这种期望随着年龄的增长会有增加的趋势。

(四)学前儿童良好亲子关系建立的意义

良好亲子关系的建立,对于学前儿童的身心健康发展具有重要的促进作用。同时,建立良好的亲子关系有助于父母正确地处理学前儿童的生理和心理需要,为学前儿童未来健康成长扫清障碍、奠定良好基础。

父母与学前儿童建立良好的亲子关系,对于学前儿童的身心健康发展促进的具体意义表现如下。

1. 促进学前儿童的认知发展

父母是孩子接触到的第一位老师,也是对子女影响时间最长的老师,他们的一言一行,潜移默化地影响子女,并成为子女学习的榜样。

学前儿童的认知发展来源于学前儿童与周围环境刺激进行的广泛互动,互动过程中,学前儿童的各种感官与外界信息发生作用,感知外界信息,通过对各种各样信息的大脑加工与理解,进而促进自身认知水平的发展与提高,良好的亲子关系有利于父母观察和了解子女在认知方面的特点,有的放矢地去指导、开发子女的潜能。

具体来说,良好亲子关系对学前儿童的认知发展促进表现如下。

(1)为学前儿童提供许多外部刺激

一般来说,如果父母经常与孩子进行互动,则在父母与幼儿进行交流和互动的过程中,幼儿会获得很多的外界信息,这些信息有助于刺激幼儿对外界事物的认知,从而促进幼儿认知能力的发展。而父母不经常与幼儿在一起进行互动,幼儿自己玩耍、自己探索世界,对世界的认知速度是很慢的。

因此,对于父母来说,要想促进幼儿的智力发育和认知发展,应该与学前儿童频繁地进行交往,并为他们创造丰富而复杂的环境,通过亲子游戏的开展帮助幼儿更好地认识这个世界中的人、事、物。

(2)父母的态度会影响学前儿童的认知行为

调查发现,对于刚进入幼儿园生活的学前儿童来说,他们刚进入幼儿园的时候,会对父母过度依赖,无心参与幼儿园组织的各种活动。研究发现,这主要是因为在日常生活中,父母对孩子过分保护,一些父母认为学前儿童是弱小的和无能的,需要成人的呵护,会替孩子做许多事情,这就在无意当中阻碍了学前儿童对世界的主动探索,长期处于这种亲子关系中的学前儿童日后容易形成依赖和怯懦的性格,在生活和学习中不敢积极、主动地去尝试、探索新事物。如果不及时改变亲子关系,促进孩子主动探索,很有可能会严重地影响学前儿童认知水平的提升。

总之,良好的亲子关系可有效促进学前儿童的认知能力,特别是在孩子智力发展的关键期(婴幼儿阶段),给孩子及时、恰当的教育与指导会取得事半功倍的效果。

2. 增进学前儿童的安全感

无数的调查研究表明,学前儿童早期和父母一起生活有利于其心理深层形成一块"磐石"。学前儿童长大以后,无论走到哪里都会因为心中"磐石"的存在而感觉到踏实、安全,这一"磐石"所发挥的作用就是个体的安全感。

从个体的出生到此后几年的生长发育过程来看,婴儿期的孩子会依恋父母(尤其是母亲),从某种意义上说,父母是自己的"保护伞"。年龄越小的孩子,其生理需要和欲望也会更加突出和明显。如果父母很早的时候就不在孩子身边,这种本能的生理需求就得不到及时的满足。如果父母很早的时候和婴儿分开,婴儿就会失去"保护伞",婴儿会感到焦虑,婴儿对安全感的需求会转移到其他人或物身上。

3. 提高学前儿童的自信心

个体在社会化的过程中,要适应社会环境,就必须学会根据社会秩序、社会道德、社会行为规范,来约束和规范自己的各种行为,以更好地适应社会。

对于学前儿童来说,受其生理和心理成长发育水平的制约,他们的许多本能并不符合社会的要求,因此,有必要通过父母和教师得到教化。

在家庭环境中,父母与学前儿童良好亲子关系的建立,有助于学前儿童良好行为和道德规范的养成。

需要特别指出的是,对学前儿童的道德与行为规范等的"教化"应该把握一个合理的"度",否则,就会在促进学前儿童的社会性发展过程中,产生如下副作用。

(1)抑制学前儿童创造性的发挥。

(2)抑制学前儿童自主行为的发展。

4. 促进学前儿童的情绪学习

父母是学前儿童依恋的对象,也是学前儿童情绪的抒发对象、情绪学习对象。

在日常生活中,父母应该鼓励孩子表达自身的情感体验,引导其理解他人的情绪,思考与讨论如何应对生活中的各种问题。例如,在孩子感到焦虑和悲伤时,父母应及时地给予孩子安慰和支持,在孩子不能处理情绪侵扰时,给予孩子帮助和安慰。在父母的帮助下,学前儿童的正常情感抒发对于其释放心理压力具有重要的帮助作用。

5. 促进学前儿童良好人格的形成

人格是一个人具有的独特的、持久的、典型的各种心理特质的总和。一个人的人格主要由人的气质、能力、兴趣和性格等心理特征组成。

0—6岁是儿童个性和社会性发生、发展的关键期,儿童在与外界人、事、物、环境等的接触中,发展着自己的语言、情感、社会行为、道德规范、人际交往等。

亲子交往对学前儿童人格的形成起非常重要的作用。父母在与孩子的交往中,给予孩子最多的是抚育、照料和丰富的情感反应,以及言语教导、具体示范、行为榜样、鼓励诱导与错误纠正等,这些积极的干预对于学前儿童健康人格特征的形成具有重要的帮助作用。学前儿童和父母形成的良好亲子关系能够使学前儿童形成比较稳定的人格特征,有安全感,可以使他们积极地参与各种活动。通常父母在场,孩子能够更加放心大胆地和其他小朋友玩耍,更专心地探索事物,消除孩子的紧张、不安、恐惧与焦虑,使孩子的积极性情感得到充分发展,从而形成独立、自信、谦和、友爱、合作等个性品质。

事实也充分表明,具有不同亲子关系质量的学前儿童,其人格表现不同。举例如下。

(1)亲子关系良好,学前儿童会表现出活泼、开朗等积极的人格特征。

(2)亲子关系淡漠,学前儿童则容易表现出沉默、胆怯、孤僻等消极的人格特征。

(3)亲子关系平等,学前儿童会表现出平衡的心理,受到委屈能很好地表达、寻求安抚。

(4)亲子关系严肃、过于压抑,学前儿童大多会表现得比较懦弱、自闭,愤懑不平,甚至导致学前儿童产生报复、躲藏或憎恨他人的想法。

良好的亲子关系对孩子未来形成良好的人际关系和健康的情感具有奠基性的影响。孩子在与父母的亲密交往中学会独立和与人交往,发展完美的人格,建立和谐的人际关系。

6.促进学前儿童的身心健康全面发展

良好的亲子交往将会影响到学前儿童的身心健康。这种影响具体表现为生理健康和心理健康两个方面。二者相互联系、相互作用。

(1)学前儿童身心健康与父母的亲情、爱抚和家庭温馨的氛围是密不可分的。

(2)父母与孩子之间良好的情绪有利于提高学前儿童的睡眠质量,保证学前儿童的生物钟正常运行,促进儿童健康成长。

(3)父母对孩子的爱是孩子幸福情感的源泉,是维护儿童生理和精神健康的保证。

(4)父母关系不和睦、家庭关系不和谐,会传递给孩子消极情绪,这种消极的情绪会影响学前儿童的生长发育。

(五)学前儿童良好亲子关系建立的策略

1.树立正确育儿观

父母与孩子之间是一种教养关系,其中"教"占据了很大的一部分内容。父母的育儿观、育儿态度、育儿行为等对儿童的健康成长具有重要的影响。

具体来说,父母的育儿观表现为生孩子、养孩子的目的是什么,要将孩子培养成为一个什么样的人、用什么样的方式去培养孩子等。

2. 形成适宜的育儿风格

每一个家庭与每一个家庭的相处方式是不一样的,家庭氛围也是不一样的,不同的儿童在不同氛围的家庭中成长,会形成不同的性格特征,育儿风格就是促进不同家庭形成特定的家庭情绪气氛的重要因素。

研究发现,民主型育儿风格是积极的、支持的、交流的、温暖的而又严格要求的,它接受儿童,控制儿童行为,允许儿童的心理自治,鼓励儿童独立自主,父母与孩子之间的关系是平等的,在进行一些家庭决策时,会征求孩子的意见。

民主平等的家庭中,父母用平视的眼光与孩子交流,把孩子当作自己的朋友,充分尊重孩子的各种权利,给予孩子自由。在这种家庭环境和氛围中成长起来的孩子思想更加自由、更加自信、更有探索意识和创造能力。

如果父母高高在上,采用极端的方式让子女屈从、让步,就会让孩子形成心理压力,对孩子的身心健康发展是不利的。

3. 加强亲子沟通

人与人相处,正确沟通是非常重要的。

父母一定要敞开自己的心怀,随时倾听孩子的诉说,对孩子的话题要表现出热心关注。要体会孩子、了解孩子、关心孩子,任何敷衍孩子的行为都会损伤孩子的自尊心,形成沟通障碍。

现代社会,很多父母在陪孩子的过程中,往往是身体在陪,而心思则在关心工作、玩手机上,这样的陪伴是非常低效率的陪伴,不利于孩子成长,日后,孩子也会养成敷衍、懒散、不尊重人的性格特征。

父母与孩子沟通,应讲究方式方法,用孩子更加容易理解、接受的方式方法来与孩子沟通,会促进孩子主动与父母交流、主动表达。一些非言语沟通形式,如安慰的手势、动作、表情等,也能促进亲子之间的依恋关系。父母与孩子沟通切忌以下几点。

(1)不屑一顾。

(2)敷衍搪塞。

(3)随意打断孩子。

(4)不视具体情况而对其横加指责。

4. 明确行为准则

明确具体的行为准则能使学前儿童知道自己该做什么,不该做什么。行为准则一经确立,就应坚决贯彻执行,而且在实施的过程中应尽量做到始终如一,处理同样的事件要给出同样的标准。

具体来说,家长可以和孩子一起商讨行为准则的内容,孩子更容易接受行为规则,同时,可以有效地提高孩子参与家庭活动和内化自己的行为积极性。

需要特别指出的是,行为规则应明确具体,不要造成孩子思维、判断的混乱,如果家长今天让孩子这样做、明天让孩子那样做,不予解释,以"我怎么说你就怎么做"压制孩子,久而久之,会诱发孩子的叛逆心理,而究其原因,并非孩子任性,而是家长经常"出尔反尔"。

5. 创造性地运用亲子游戏

对于孩子来说,最容易让他们接受和喜欢的活动就是游戏,亲子游戏是父母与孩子交往及情感联系的重要方式。父母在自然的情境下,与孩子结成平等的玩伴关系,能实现寓教于乐。

6. 多用鼓励,尽量少惩罚

在与孩子进行交往的过程中,父母应适当地进行鼓励和惩罚,多用鼓励方法,尽量避免惩罚、少用惩罚。

父母对孩子良好表现的奖励可以是多方面的,尤其是精神奖励,是一种调动幼儿的积极性、塑造其良好行为、克服其不良习惯的好方法。在与孩子的交往过程中,父母应多用积极的语言或表情,对孩子做出积极的评价。

过多的惩罚,特别是惩罚不当,会给孩子造成心灵上的伤害,挫伤他们的积极性,导致亲子关系紧张。针对孩子的不良行为,家长不能随意训斥、责骂、体罚孩子,这会对孩子的身心健康有很大的负面影响。教育孩子,应动之以情,晓之以理,给予孩子更多理解、宽容。

7. 父母配合,共同关爱孩子

在我国"男主外,女主内"的传统观念影响下,长期以来,父亲对孩子的教育十分有限。

现代社会,社会竞争激烈,许多父亲感到工作紧张、养家难,将教育子女的事情全推给母亲,我国儿童面临更多的是母亲的"丧偶式育儿",这对于孩子的健康成长来说是十分不利的。男女思维、生理、心理特点不同,与孩子的相处模式不同,对于孩子来说,应享受到来自父亲和母亲双边的亲密关系,才能感受到家的温暖,才能在充满爱的环境下健康成长。

二、师生关系

(一)师生关系的建立

3岁以后,幼儿进入幼儿园生活和学习,就与老师之间形成了师生关系,幼儿在教师的教育和指导下,养成良好的生活习惯、日常行为规范,学习知识、学习待人接物和与人相处。

(二)学前儿童和谐师生关系建立的意义

对于学前儿童来说,对于任何一个学生来说,和谐师生关系的建立都是有助于作为学生的儿童、少年、青年身心健康发展的。

1. 促进学生的知识学习

和谐师生关系的建立基础上，教师的"教"与学生的"学"都是愉快的体验，教师能毫无保留地、倾尽心血传授给学生知识，学生乐于学习、积极参与学习，能提高学习效率，有助于促进教师的"教"的目标与学生的"学"的目标的共同实现。

2. 促进学生的心理健康发展

现代社会，受多种因素的影响，现实中存在很多不好的师生关系，目前常见的不良师生关系如下。

(1) 师生关系功利化

现阶段，我国人民的生活水平有了很大提高，对子女的教育颇为重视，儿童教育培训市场火爆，这种商业化的教育运作甚至渗透到学校中，一些幼儿园的授课有额外收费的现象，在这样的教育环境与背景下，老师的"教学授课"变成一种服务与交易，一些学校巧立名目，直接将教育等同成"商业服务"，师生关系成为"服务与被服务"的关系，师生关系充满商业气息。

(2) 师生感情淡漠化

我国是一个教育大国，教育历史悠久，受教育人口众多，重视教育。

在我国古代，师生之间的关系仅次于父母亲与子女，"一日为师终身为父"。教师，承担的是"传道、受业、解惑"的重要责任，教师备受尊敬。

现代社会，教师压力大、工资低，很多教师在授课结束之后就离开课堂，与学生交流少。也有一些教师将教育的任务都推给家长，不主动深入了解学生了，师生互动少，感情淡化。

这些不良的师生关系对于学生的价值观、世界观、心理健康发展都非常不利。整个社会和学校教育系统应重视教师的师德建设，重视教师的职业道德与职业素养培养，使教师真正发挥为人师表、教书育人的作用。

(三)学前儿童和谐师生关系建立的策略

1. 德才兼备

教师教书育人,必须具备良好的品德。教师道德是一种职业道德,具体是指教师在职业生活中所遵守的基本行为规范和行为准则,也包括教师群体制约这些行为的观念意识和行为品质。[1]

教师为人师表,在学生面前起到榜样的作用,教师的言行举止、思想品德都会潜移默化地影响学生,并对教师与学生之间良好关系的形成具有重要影响,教师的思想、品格、情感、举止风度等往往会在不经意间被学生观察、琢磨和效仿。

学前儿童,正处于模仿的敏感期,教师的一言一行在学前儿童的心里会留下深刻的印象并被儿童学习。教师应严于律己,当好表率,引导儿童养成良好的品德、行为、习惯。

2. 以人为本

新时期,我国注重素质教育的持续推进,要求在教学中体现"以人为本","以人为本"是一种人性化的教育,强调学生在教学中的主体地位,"以人为本"是我国教学活动中的重要教学思想。

"以人为本"即以学生为本。教师要关心学生,爱护学生。在学前儿童的幼儿园教育教学过程中,教师应注重学前儿童的主体性,注重教学过程中学前儿童的积极性和主动性的培养。以学前儿童为中心教学,通过符合学前儿童实际身心发展特点的教学活动、教学游戏安排,来关爱与促进学前儿童的身心健康发展。

3. 遵循规律

教育规律是客观存在不以个人的意志为转移的,要实现教学的顺利开展,就必须做到遵守教学的客观规律,促进教学过程的

---

[1] 于淑云,黄友安. 教师职业道德、心理健康和专业发展[M]. 北京:首都师范大学出版社,2007.

正常进行。

学前儿童的身心发展也有自身的规律,任何人不能违背学前儿童的发展规律,否则就容易造成"揠苗助长"或是错过学前儿童某一项能力发展的敏感期,这对于学前儿童的健康全面发展都是不利的。

综上,在学前儿童的教育教学中,教师应遵循教育教学规律、遵循学前儿童生长发育规律,真正循序渐进地促进学前儿童对各种知识、技能、素养的提高。

4. 积极互动

学前儿童教育,应避免枯燥的填鸭式教学,学前儿童应在教学中得到更多的尊重,师生关系更倾向于是相互促进的朋友,师生互动也更加倾向于向生动活泼的方式转变,良好的师生关系正是在这种平等、互助、相互尊重的基础上建立起来的。

5. 提高教师教学能力

学前儿童的良好师生关系的建立,关键在于教师。

教师应不断学习,提高自己的教学能力,更深入地了解学前儿童的成长发育特点和规律,如此才能以学前儿童喜欢和容易接受的方式开展教学,才能最大限度地发挥教师在教学中的主导作用,提高教学质量,从而激发学前儿童的学习参与热情,使学前儿童更愿意遵从教师、亲近教师。

6. 家园共育

对于学前儿童来说,良好师生关系的建立,需要教师对学前儿童有尽可能多的了解,这就需要教师与家长的配合,教师与家长应该及时沟通,了解学前儿童在日常生活中、幼儿园生活中、家庭生活中的活动参与及其表现,从而能更有针对性地与学前儿童建立亲近的关系,做到因材施教,促进学前儿童健康全面发展。

三、同伴关系

(一)学前儿童同伴交往的方式

1. 游　戏

游戏是学前儿童的主导活动,对学前儿童的心理发展有着极为重要的影响作用。

学前儿童在和其他小伙伴合作游戏的过程中,互相讨论游戏情节,共同遵守游戏规则,分配游戏角色,想象游戏过程中工具和人物的替代品,等等,这些都有助于学前儿童对各种事物的积极探索。

从简单到复杂,可以将学前儿童的游戏行为分为六种,不同的游戏行为类型可以反映出学前儿童的不同性格特征,同时,也对学前儿童的性格特征有不同的影响。

(1)随心所欲的行为:游戏过程中,学前儿童的注意力不在游戏上,而在自己偶尔看到的感兴趣的事物上,如一个玩具。

(2)旁观者行为:与同伴的集体游戏中,一些学前儿童并不参与游戏,而是观看其他儿童进行游戏,偶尔会和其中的一两个同伴交流。

(3)单独游戏行为:学前儿童自己沉浸在自己的游戏情景中,不去注意其他儿童在做什么,也不与其他儿童进行交流。

(4)平行游戏行为:几个儿童聚集在一起,但是相互之间并不进行任何的交流,各自玩耍,互不干预。

(5)联合游戏行为:学前儿童在一起玩相类似或同样的游戏,但每个人都只按照自己的意愿玩,相互之间无分工、合作、无共同目标。

(6)合作游戏行为:多名学前儿童为了达到某个具体目标共同参与的游戏,有组织、有分工、有合作,游戏伙伴有属于这个小组的孩子，也有不属于这个小组的孩子。

在上述几种游戏行为中，合作游戏中学前儿童的社交程度是最高的。

2. 共同活动

对于学前儿童来说，他们进入幼儿园之后，不像在家庭环境中，只有一两个孩子，家长们都谦让宠溺孩子，在幼儿园学习生活环境中，所有的小朋友都是在一起的，幼儿园以班级为单位，很多个小朋友共同参与有序的学习和活动。这种活动的特点是大家有共同的活动内容、目标、过程和结果等。集体共同活动为学前儿童创造了一个集体生活学习的环境，对促进学前儿童的社会性发展有重要作用。

3. 随机交往

随机交往在学前儿童中也非常多见，是学前儿童的幼儿园生活中的重要交往方式，具体来说，就是学前儿童在幼儿园里除了参与在老师引导下的正常的集体活动外，还会和许多小朋友进行自由的活动。在随机性交往过程中，儿童的游戏同伴、游戏内容等都是随便的、随机的、随意的。

随机交往是学前儿童拥有个人的私人交往关系的重要方式，通常，5岁和6岁的学前儿童已经能通过随机交往拥有自己固定的小伙伴，建立了自己的社交圈。幼儿园教师可以根据儿童的交流方式全程关注和观察，并给予学前儿童恰当的帮助和教育，以提高学前儿童的交往态度、交往技巧等的转变。

(二)学前儿童同伴交往的类型

1. 受欢迎型

受欢迎型学前儿童是人们推崇的，此类儿童的良好的同伴关系为其自身的健康成长、成功铺平了道路，他们更倾向于成为优秀的问题处理者、有效协调者、对他人的支持者。

受欢迎型儿童通常具有以下几个交往特点。

(1)性格外向、友好,善于双向交往和群体交往。

(2)活动中少有攻击性行为,交往策略较有效、成熟。

(3)情绪稳定,反应敏捷。

(4)活动的强度和速度适中,在交往中积极主动。

2. 被拒绝型

被拒绝型的学前儿童,在与其他儿童的交往过程中,通常会受到拒绝,容易与他人起争执、被排斥。此类儿童具有以下特点。

(1)体质较好,力气大,行为方式往往会带有敌对性和攻击性,如抢玩具、随意改变游戏规则、推打小朋友等。

(2)聪明,活动的强度大,速度较快,能力较强。

(3)性格外向,过于活泼、好动,容易冲动,脾气急躁。

(4)在交往中较积极、主动,但不擅长和人交往。

(5)对自己的社交地位缺乏正确评价,往往评价过高,也不是很在乎有没有朋友。

被拒绝型学前儿童得到较少的正提名,却有较多的负提名,他们在生活中会遇到严重的适应问题,由于敌意、批评、攻击性行为多,因此会在集体活动中容易脱离群体,可能导致离群孤独感的产生,并可能进一步诱发其他问题的出现。

3. 被忽视型

被忽视型的学前儿童与其他学前儿童相比,在集体生活中往往处于被忽视的位置,很少会被人注意到,既得不到同伴认可和肯定,也得不到同伴的批评和否定。也往往成为被教师忽视的群体。

被忽视型的学前儿童具有以下交往特征。

(1)体质较差,力气较小,能力较差。

(2)性格偏内向,平时安静,常独处或独自活动,在交往中表现出退缩或畏缩。

(3)交往过程中的主动性和积极性较差,常有孤独体验。

(4)与同伴接触,很少表现出主动、友好的行为,也很少表现出不友好、攻击性行为。

(5)没有多少同伴喜欢他们,也没有什么同伴讨厌他们。

(6)对他人反应冷漠,对班级活动也缺乏兴趣。

被忽视型学前儿童只得到很少的正提名和负提名。针对被忽视型的学前儿童,家长和教师应该尽量帮助这类孩子,让他们逐渐被同伴认可和接受,注重引导此类儿童与他人的积极情感的交流。

4. 矛盾型

矛盾型学前儿童,指的是那些被某些同伴喜爱,同时又被另一些同伴讨厌的学前儿童,也称"有争议的学前儿童"。

矛盾性学前儿童的交往具有以下特点。

(1)能力较强,性格活跃,有领导力、权威力。

(2)在某方面会压制同伴,因此不受一些同伴的欢迎。

(3)行为有时具有破坏性,从而引起一些同伴的反感。

5. 一般型

学前儿童交往的一般型是在各个方面发展和表现都比较平均的儿童,与上述几个类型的儿童相比,此类儿童在各方面表现得不突出。

一般型学前儿童具有以下交往特征。

(1)既不是特别主动、友好,也不是特别被动、惹人讨厌。

(2)同伴们大多不是特别喜爱、接纳他们,也不会特别拒绝、忽视他们。

一般型学前儿童得到平均的正提名与负提名,提名时无极端分数(最受喜欢或最不受喜欢),这类孩子能够参与同伴交流、游戏,但表现不突出。

(三)学前儿童同伴关系的发展阶段

1. 2岁前同伴关系的发展阶段

同伴之间的交往最早可以在6个月的儿童身上看到,这时的婴儿可以相互触摸和观望,甚至以哭泣来对其他婴儿的哭泣做出反应。6个月以后,婴儿之间交往的社会性逐渐加强。有人对2岁以内儿童的同伴交往进行了研究,并分成三个阶段。

第一阶段:物体中心阶段。在这一阶段,儿童之间虽有相互作用,但他把大部分注意都指向玩具或物体,而不是指向其他儿童。

第二阶段:简单的相互作用阶段。在这一阶段,儿童对同伴的行为能做出反应,并常常试图支配其他儿童的行为。例如,一个孩子坐在地上,另一个孩子转过来看他,并挥挥手说声"哒",接着继续看那个孩子,这样重复了3次,直到那个孩子笑了。以后,每说一声"哒",那个孩子就笑一次,一直重复了12次。这里第一个孩子的重复动作就是一种指向其他儿童的社会性交往行为。

第三阶段:互补的相互作用阶段。在这一阶段,幼儿出现一些更复杂的社会性互动行为,对他人行为的模仿更为常见,出现了互动或互补的角色关系,如"追赶者"和"逃跑者","躲藏者"和"寻找者","给予者"和"接受者"。在这一阶段,当积极性的社会交往发生时,幼儿常伴有微笑、出声或其他恰当的积极性表情。

婴儿早期的社会性交往通常是积极的,到1岁左右则有近半数的同伴交往是攻击性、冲突性行为,如打架、揪头发、推人等行为。

2. 2岁后游戏中同伴关系的发展阶段

幼儿之间绝大多数的社会交往是在游戏情境中发生的,幼儿在游戏中的交往是从3岁左右开始的,此时,幼儿在游戏中互借玩具,彼此的语言交流及共同合作逐渐增多。3岁后,幼儿同伴交往的发展特点主要表现在如下三方面。

(1)3岁左右,幼儿游戏中的交往主要是非社会性的,幼儿以独自游戏或平行游戏为主。幼儿彼此之间没有联系,各玩各的。

(2)4岁左右,联系性游戏逐渐增多,并逐渐成为主要的游戏形式。在游戏中,幼儿彼此之间有一定的联系,说笑、互借玩具,但这种联系是偶然的、没有组织的,彼此间的交往也不密切,这是幼儿游戏中社会性交往发展的初级阶段。

(3)5岁以后,合作性游戏开始发展,同伴交往的主动性和协调性逐渐发展。幼儿游戏中社会性交往水平最高的是合作性游戏。在游戏中,幼儿分工合作,有共同的目的、计划。在游戏中,幼儿必须服从一定的指挥,遵守共同的规则,互相协作、尊重、关心与帮助,大家一起为玩好游戏而努力,如角色游戏、规则游戏等。

(四)学前儿童同伴交往的影响因素

学前儿童的同伴交往行为受多种因素的影响。这里重点分析以下几个因素。

1. 性格因素

研究表明,影响学前儿童同伴交往的性格因素如下。
(1)胆子大小、脾气大小。
(2)性子急慢、活泼程度、爱说话程度等。
(3)是否愿意帮助他人。
(4)是否友好、合作精神多少。
(5)是否愿意分享。
(6)是否谦让。

受欢迎的儿童亲社会行为会较多,攻击性行为较少;被排斥的儿童性格特点是过度活跃和有攻击性;被忽视的儿童性格特点是攻击性较少、沉默寡言、胆怯。

2. 外表因素

对于成人来说,与人交往,第一印象注重外表,对于学前儿童来说,他们也基本具有了对一个人的外表的判断能力,在与人交往过程中,也容易"以貌取人"。

学前儿童开始对身体特征产生不同的喜好,常常可以见到幼儿园小朋友更喜欢亲近长得漂亮、穿着整齐的孩子,与男孩子相比,女孩的同伴接纳漂亮的外表更重要。

3. 教师因素

教师也会影响学前儿童的同伴交往。对于学前儿童来说,老师就是"权威",老师在儿童心中具有绝对的话语权,因此教师对学前儿童的态度、言行举止的影响,对学前儿童的社会性交往,包括同伴交往具有重要的影响。

在儿童的交往评价标准还未正式形成之前,教师的评价和态度会影响学前儿童对其他同伴的评价。一个儿童在教师心目中的地位,会被其他儿童在交往中进行考虑,会间接影响到其他儿童对其的评价与判断,从而决定是否要亲近和接纳他。

4. 性别因素

学前儿童主要是和同性别的孩子进行交往。且随着孩子的年龄增长,同性别同伴选择会越来越明显,呈现出从小班向大班逐渐增长的趋势。女孩的选择性交往表现更明显,其选择偏好也更固定和稳定。

男女性别,对比来看,在游戏过程中,女孩的合作游戏明显多于男孩的合作游戏,对同伴的反应也更加敏感和积极。男孩对同伴的消极反应更多。

5. 年龄因素

学前儿童喜欢且需要与自己年龄相仿的朋友交往。3岁时,儿童会对朋友产生明显的兴趣，愿意与同龄者进行交流和游戏，当然，这一时期，不同儿童之间进行互动产生摩擦的情况多，玩到一起的情况少，尽管如此，他们仍然会在第二天选择和对方一起玩耍。

4岁时，儿童愿意和更多的同伴一起游戏，大多数时候情绪好、彼此友好相处，但仍然常常吵嘴、打架，有时会发生攻击性行为。

5岁时，儿童已经逐步掌握了与同伴友好相处的本领，懂得做一些让步，接受对方的要求，彼此商量，使游戏继续下去。

6岁时，儿童与同伴交往的内容和形式更加丰富，这一时期，儿童的语言发展迅速，并在逐渐成为交往的主要方式，但动作交往互动仍较多。

除了上述几个重要因素外，家庭教养方式、在家庭中的排行等也会影响学前儿童的同伴关系。

（五）学前儿童同伴交往的意义

1. 丰富学前儿童知识经验

同伴之间的活动互动，不同儿童之间交流过程中所涉及的各种知识，包括游戏规则、生活常识，彼此更容易理解、接受。

对于孩子来说，家长和教师多少都带有一些权威、领导的性质，成人对孩子的教育更多时候是"自上而下"的知识、经验传输，而孩子及其同伴在语言、动作、思维等方面都处于近乎相同的水平，他们之间的交往是平等的、横向的，沟通、交流、接纳度更高。

具体来说，学前儿童能够了解学前儿童的心理是因为"认知同步性"的存在，生活中经常见到，两个不会说话的宝宝在一起，一个宝宝笑了笑，另一个宝宝也跟着笑一笑，一个宝宝发出了一种古怪的声音，另一个宝宝也会跟着发出古怪的声音。这说明同龄人的认知存在同步性，同龄伙伴认知的同步性就决定了同伴交往影响的有效性。由于他们的生理和心理的现有水平非常接近,所以他们在认识同一事物的过程中,各自的情感体验和目的性等方面比较容易产生共鸣,因此同龄人之间更容易沟通。这对于丰富学前儿童的知识体系,为学前儿童的认知发展有重要影响。

此外,学前儿童相互交往中的知识与经验促进社会角色认知与扮演,在游戏过程中,学前儿童学会相互合作,如何处理同伴间的矛盾,学会实践其社会角色和性别角色,培养了社会责任感,儿童经常参与而且非常喜欢的"过家家"游戏就是对成人世界中的各种角色进行模仿和实践。

2. 促进情感发展,培养良好品德

人与人之间的互动,包括动作、语言的交流,更多的是进行情感上的沟通,学前儿童通过与同伴的交往,对于个人来说是满足了交往和归属的需求,有助于儿童体验到快乐,有助于儿童形成乐观、开朗的性格。

通过同伴交往,学前儿童可以在与人交往中初步认知是非、善恶、分享、助人、合作、安慰等,为了更好地被同伴接受,会逐渐改变和消除攻击和破坏行为,对于儿童的社会道德、社会规范认知也具有重要的帮助作用。

3. 促进自我概念和人格的发展

在与人交往中,学前儿童可以通过同伴对自己的判断进行自我认知。同伴的行为和活动就像一面镜子,能为学前儿童提供自我评价的参照,使学前儿童更好地认识自己,对自身的能力做出判断。

一项对离群索居的孩子进行的研究表明,同伴间的接触可以抵消亲子关系中对孩子的某些不利方面。良好的同伴关系可以促进学前儿童人格的健康发展,甚至在学前儿童处于不利的发展状况下,抵消不良环境对其发展的影响,进而促进儿童的身心健康发展。

4. 提供交往机会,促进独生子女的社会化

受我国早期"每个家庭只生一个"的计划生育政策的影响,以及当前社会压力增大,我国有不少的独生子女,独生子女在家庭中大多数时间是和成人在一起的,他们更多地和成人相接触,在和成人接触的过程中往往处于弱势,子女与父母之间的关系并不是完全平等的,儿童的很多决策都是由父母来做决定的,很多时候儿童遵循父母的意见做一些事情、解决一些问题,这对于儿童的社会适应能力、生存能力发展是不利的。

学前儿童的良好同伴关系也有助于独生子女克服"自我中心"意识,"自我中心"是个体在婴幼儿时期所表现出的一种自然的心理特征,独生子女在家中的地位犹如"众星捧月",有明显的"自我中心"倾向。建立同龄同伴关系,有助于学前儿童在与同伴相处过程中了解到同伴所拥有的权利,了解群体交往中的各种规则,评价自己的行为,克服"自我中心",懂得合作、谦让、助人、宽容。

进入幼儿园之后,同伴之间的关系与儿童和成人的关系相比,更加平等,有助于促进儿童自己去探索并解决问题,对儿童的社会性发展是有利的。

(六)培养良好同伴关系的策略

1. 营造宽松环境

有效、和谐的沟通需要一个和谐、放松的沟通交往环境,因此,为了促进学前儿童的有效同伴交往,教师和家长应该为儿童提供一个轻松、愉悦的环境。

教师和家长要有意识地为学前儿童创造机会,帮助他们参与到同伴的游戏中,创造展示优点的机会。

2. 培养交往技能

学前儿童的同伴交往是儿童自我进行的一种社交探索,为了更受欢迎,儿童会自己思考和选择社交技能或用优点来赢得其他小朋友的认同,学会如何与其他孩子进行有效的沟通,学会如何处理各种突发状况,如受到欺负、排挤时该怎么办。学会如何表达,如何机智地解决冲突等。这些都是学前儿童在同伴交往中必不可少的社会交往技能。

教师可以在这些活动中有意识地发展学前儿童的交往能力。例如,在体育、音乐活动中,教育学前儿童养成良好的行为习惯。

3. 鼓励和引导儿童与同伴交流

在儿童的同伴交往中,家长和教师不能完全袖手旁观,应给予及时、正确的指导。在幼儿园的同伴交往中,教师应做到以下两点。

(1)对学前儿童的同伴关系状况有充分的了解。如孩子的人缘如何,交往中出现了什么问题,孩子能否解决,如何解决等,及时了解,以便采取有针对性的教育措施进行干预。

(2)对学前儿童采取一视同仁的态度,并对儿童进行客观评价。前面曾经提过,教师对一个儿童的态度和评价会影响其他儿童对该儿童的判断,教师应避免给儿童"贴标签",尤其是对儿童的批评教育应注意方式和场合。

第三节　学前儿童社会性行为的发展

一、学前儿童的亲社会行为

(一)亲社会行为的形成

亲社会行为的形成是以道德认识和道德情感体验的发展为前提的。亲社会倾向在儿童出生后的第一年就可以看到,如对他人的困境做出哭泣反应。1岁半左右的孩子不仅会接近有困难的人,而且还会对其提供特定的帮助,如为小朋友修理玩具、为母亲包扎伤口。

(二)亲社会行为的发展

1. 移　情

移情是学前儿童道德认识发展的主要方面,移情是指从他人的角度来考虑问题。同情心是学前儿童道德情感发展的具体体现。

对于儿童亲社会行为的产生来说,移情是一个重要前提,也是亲社会行为产生的主要动机。移情的作用表现如下。

(1)使幼儿摆脱自我中心,形成利他思想,从而产生亲社会行为。

(2)引起儿童的情感共鸣,使其产生同情心和羞愧感,从而激发亲社会行为的产生和消除原有的攻击行为。

2. 分　享

分享行为是学前时期儿童亲社会行为发展的主要方面,学前儿童的分享行为主要表现出如下特点。

(1)均分观念占主导地位,一般来说,在 4—5 岁,逐渐学会均分;5—6 岁时分享水平提高,表现为慷慨行为增多。

(2)分享水平受分享物品数量影响。当分享物品与分享人数相等时,均分反应强;当只有一件物品分享时,慷慨反应高;数量越多,均分反应越弱、自我满足反应越高,表现了幼儿利他观念不稳定。

(3)物品数量多于人数时,学前儿童倾向于将多余的那份分给需要的同伴,不需要的同伴则不被重视。

(4)分享对象不同,分享反应不同。面对家长的慷慨反应比面向同伴的慷慨反应多;物品多时,慷慨反应下降。

(5)分析物品不同,分析反应不同。对待食物,均分反应多,慷慨反应少;对玩具,慷慨反应稍多。

3. 个别差异

学前儿童的亲身行为可表现出明显的个别差异,如面对一个大哭的孩子,周围学前儿童中,不理会的儿童占7%,直接去安慰的儿童占37%,其余的同情孩子会寻找成人帮助、威胁问题的制造者等。

教师和家长应重视学前儿童的亲社会行为发展,关注儿童,及时给予帮助和指导。

二、学前儿童的性别行为

(一)性别行为的产生

男女的性别是由基因决定的。性别是学前儿童开始掌握并对他人进行分类的社会化概念之一。

性别角色是一种社会准则对男性和女性行为的社会期待,是社会对男性和女性在行为方式和态度上期望的总和。男性和女性的社会性别角色认知,是小时候受到成人影响和教育的结果,不同性别儿童会对同性成人进行行为模仿,并形成固定的行为方式,即性别行为。

对于任何个体来说,要想成为合格的社会成员,就必须先明确自己的性别角色,教师和家长应重视对儿童的性别角色认知的教育,帮助儿童建立正确的性别行为。

(二)性别行为的发展

学前儿童的性别行为发展可分为以下几个阶段。

1. 第一阶段

2—3岁的儿童,可初步掌握一些性别角色知识,能区分一个人是男人还是女人,对自己的性别也有准确的认知,知道自己是男孩还是女孩。

同时,这一阶段的孩子已经具备了关于性别的一些知识,如男孩和女孩想要玩的玩具是不同的,女孩喜欢玩娃娃,男孩喜欢玩汽车。

2. 第二阶段

3—4岁的儿童,儿童在性别角色方面的认知的知识逐渐增多,知道男孩和女孩在穿衣服、玩玩具、做游戏方面的一些不同,但是也能够接受与性别行为习惯不符的现象和行为,如儿童会认为男孩穿裙子也很漂亮,并不认为这是违反了常规。

3. 第三阶段

5—7岁的儿童,会形成可感的性别角色认知,对男女性别的认知更加明确,尤其是开始关注到一些与性别相关的心理发展因素,如男孩要勇敢、大胆,女孩要文静、不能粗野。在这一时期,如果一些小朋友出现了违反性别角色的习惯,他们会认为是错误的,并会提出反对,如一个男孩子玩娃娃,会被认为是不符合男子汉的行为。

三、学前儿童的攻击性行为

(一)学前儿童攻击性行为的产生

攻击性行为是学前儿童社会性发展过程中的一种常见行为,具体指个体出于故意或以工具性为目的有意(直接伤害和间接伤害)伤害他人利益的行为。

不同阶段的儿童会或多或少地存在攻击性行为。常见的攻击性行为有打人、骂人、抓人、推人、踢人、咬人、抢别人的东西等。

儿童的攻击行为,从内心意向出发,可分为以下两类。

1. 敌意攻击

敌意攻击是具有明显的、直接性的攻击意向的攻击行为,如一个孩子故意推另一个孩子。

2. 工具性攻击

工具性攻击行为是儿童为了一种目的而采取的攻击性措施,如一个孩子为了争夺玩具,而将另一个孩子推倒。

(二)学前儿童攻击性行为的特点

1. 性别差异

性别不同所产生的生理差异会影响个体的心理发育以及社会心理。这种性别影响是从小形成的。

学前儿童的攻击性行为会有明显的性别差异,男孩和女孩明显不同。具体表现如下。

(1)男孩的攻击行为比女孩普遍较多。

(2)男孩受到攻击后,会采取报复他人的行为;女孩受到攻击后,多会哭泣、向大人报告。

(3)男孩喜欢怂恿他人也采取攻击行为解决问题;女孩多友好。

(4)男孩与男孩发生冲突,采取攻击性行为较多;男孩与女孩发生冲突,采取攻击行为的可能性会减少。

2. 以身体动作为主

学前儿童的攻击性行为以身体动作为主。研究发现,学前儿童的身体攻击多表现为推、踢、拉、抓、咬等。

学前儿童的身体动作的攻击性行为会随着年龄的增长而逐渐减少。一般来说,小的孩子在矛盾产生后会直接用身体撞击别人,而大一点的孩子的语言得到发展后,会在矛盾产生后先使用语言,如大喊:"我不跟你玩了!"

3. 以工具性攻击行为为主

学前儿童的攻击性行为以工具性攻击行为为主。研究发现，学前儿童对其他同伴的攻击行为并非想要直接伤害对方，而是想要对方手中的玩具，或者是想要对方按照自己的游戏规则去玩游戏。

随着年龄的增长，儿童也会表现出敌意性攻击行为，如对不喜欢的儿童的"挑衅"：说难听的话、恶意推挤。

(三)学前儿童攻击性行为的影响因素

1. 惩　罚

如果教师和家长经常对儿童进行惩罚，教师和家长的惩罚行为本身就是一种攻击性行为，这本身就给学前儿童树立了攻击性行为的榜样。

需要说明的是，教师和家长对儿童的惩罚行为对不同儿童的影响是不同的。对于非攻击型儿童来说，惩罚行为可抑制儿童攻击性行为的继续产生；但是，对于攻击型儿童来说，惩罚行为会增加攻击型儿童的攻击性行为。

2. 榜　样

学前儿童正处于善于模仿的阶段，日常生活中所观察到的一些攻击性行为会对其产生重要的影响，从而可诱导和促进学前儿童的攻击性行为的多发。

例如，在电视上，包括很多动画片中，经常会出现一些暴力行为，过多的观看暴力行为会影响学前儿童对暴力的态度，可能导致他们产生这样的误区，即暴力是一种解决人际矛盾的有效的方式。

研究发现，看过攻击性行为的儿童和没看过的儿童相比较，前者更容易产生攻击性行为。班杜拉的一项实验充分说明了学前儿童的模仿行为与所接受到的信息的密切关系，实验中，第一组儿童观看成人打骂、拳打、脚踢塑料娃娃；第二组孩子则观看成人心平气和地与塑料娃娃进行玩耍；随后，两组儿童分别与塑料娃娃玩耍，第一组儿童对塑料娃娃的攻击行为是第二组的12倍以上。

鉴于上述分析，我们提倡向儿童展示健康的画面内容，同时，在家庭和幼儿园环境中，应禁止当着儿童的面采取攻击性行为，这会对儿童的心理产生非常不良的影响。

3. 强　化

教师和家长对儿童的健康成长具有重要的教育责任，如果儿童出现攻击性行为，教师和家长应及时进行正确的干预。

对儿童攻击行为的有意或无意强化常见现象如下。

（1）儿童出现攻击性行为时，如果父母或教师不加制止，任其自由发展，就会在某种程度上强化儿童的攻击性行为。

（2）在儿童与同伴的相处过程中，如果一个儿童用攻击性行为成功达到了自己的目的，则其他儿童也会模仿。

（3）一个儿童实施攻击行为，受攻击的儿童退缩、哭泣，可能导致实施攻击行为的儿童有一种"成就感"，也会导致其攻击行为的强化。

（4）消极的关注（惩罚、批评）也会使儿童的攻击行为得到强化，虽然在被批评的当时儿童有认错表现，但其内心并不认同家长和教师，在以后与同伴出现冲突时，还会"报复性地"采取攻击性行为解决问题。

4. 挫　折

研究发现，攻击性行为的产生和儿童的挫折体验密切相关。

诱发儿童攻击性行为产生的挫折是多方面的，更多的是儿童的爱和安全的需求无法得到满足时，如当儿童犯错误时，成人对其他人说"不理他"，这会使孩子感到丢脸，倍感挫折，进而可能导致儿童表现出攻击性行为。

此外，研究还发现，当儿童被不公平对待时，也会产生攻击性行为。如当所有的孩子都有足够多有趣的玩具时，或者所有的孩子都没有玩具时,攻击性行为较少发生;当一些孩子有玩具,另一些孩子没有玩具时,攻击性行为多发。因此,教师和家长应尽量关注到所有的孩子,对待孩子应持公正的态度。

(四)学前儿童攻击性行为的教育

实践表明,儿童的攻击性行为可导致儿童的不合群、直接影响学前儿童的道德发展,因此,如果儿童出现攻击性行为,应对儿童进行及时的教育。

如果家长任由孩子的攻击性行为不管,随着儿童年龄的增长,其会形成攻击性人格,此后就会更难更改,甚至有可能转化为犯罪行为。

教师和父母正确看待和干预学前儿童的攻击性行为,要求如下。

(1)正确认识儿童的攻击性行为。学前儿童的思维、道德、自我控制能力发展不成熟,容易因诱惑(玩具和物品)产生独占想法,进而发生攻击性行为。

(2)有效的控制和教育儿童的攻击性行为进行。分析行为缘由、行为性质,进行奖惩严明的教育和引导。

第四节 学前儿童的道德发展

一、学前儿童道德发展的理论

(一)皮亚杰的道德发展理论

1. 研究方法

19世纪二三十年代,皮亚杰通过自然观察法和实验法对儿童进行研究,并提出了他的道德发展理论。皮亚杰通过观察儿童玩弹子游戏,观察学前儿童是怎样制定和完善他们的游戏规则的;皮亚杰还通过研究过失问题的对偶故事的实验法来了解和分析儿童对事件的判断。

对皮亚杰的一个典型的对偶故事案例描述如下。

男孩约翰,听到有人叫他吃饭,就去开房门,他不知道门的外面有把椅子,椅子上的盘子内放有15只杯子。结果约翰撞倒了盘子,打碎了15只杯子。

男孩亨利,想拿柜子里的糖果吃,不小心将柜子里的1只杯子摔碎了。

针对上述故事中的两个男孩,大多数6岁以下的学前儿童认为约翰的行为过失更严重,因为他打破的杯子更多。但是,更大一点的孩子会考虑行为背后的动机和目的,并以此来判断谁的过失更严重。

2. 道德发展阶段

(1)第一阶段:前道德阶段(0—2岁)
前道德阶段的儿童的道德发展特点表现如下。

①集中于自我时期,儿童会把所有的感情都集中在自己的身体和动作上。

②集中于客体永久性时期,儿童从集中于自身转向集中于大人,道德认知是不守恒的。举例来说,父母制订的规则儿童很乐意遵守,但同样的规则是其他小朋友制订,则儿童不太会去遵守。

(2)第二阶段:他律道德阶段(2—7岁)
他律道德阶段的儿童道德发展特点如下。
①儿童认为规则是不变的,任何人不能修改。
②儿童评定行为的是非总是极端的,非好即坏,非黑即白。
③儿童判断行为好坏的依据是行为后果,而非行为动机。
④儿童认为惩罚是正常的,认同并顺从惩罚。
⑤儿童尊重权威,习惯服从成人。

(3)第三阶段:自律道德阶段(7—12岁)

自律道德阶段的儿童道德发展特点如下。

①儿童开始认识到规则和法则是人与人协商的结果,可以更改。

②儿童判断行为时,会考虑行为后果,也会考虑行为动机。

③儿童能正确地处理权威和同伴之间的尊重关系。

④儿童能换位思考。

⑤儿童能够认为惩罚应温和、贴切。

(4)第四阶段:更高水平的道德阶段(12岁以上)

更高水平的道德阶段的儿童道德发展特点如下。

①儿童的道德思维变得有深度,更有社会性。

②儿童已经学会构想让具体的道德规范变成人与人之间和谐互惠的美德。

皮亚杰认为,学前儿童的道德认识基本上处于他律道德阶段。

(二)柯尔伯格的道德发展理论

1. 研究方法

柯尔伯格研究儿童道德发展主要采用的是道德两难故事,让学前儿童选择并说明理由。

柯尔伯格的两难道德故事举例如下。

有一个女人得了癌症快死了,医生向女人的丈夫推荐昂贵的可以救命的药,但是,女人的丈夫买不起,女人的丈夫到处借钱,但只凑了一半的药费,医生不同意把药以一半的价格卖给女人的丈夫。女人的丈夫就在一个夜里把药偷走了。这个丈夫做的对吗?为什么?

2. 道德发展阶段

(1)第一水平:前习俗水平(小学低、中年级之前)

柯尔伯格认为,前习俗水平的儿童的道德发展特点如下。

①服从与惩罚定向阶段——儿童根据行为结果判断行为的好坏,采取奖励和惩罚处理结果。

②工具性目的和交换阶段——儿童遵守规定和准则的前提是要符合自己的利益。

(2)第二水平:习俗水平(小学高年级)

习俗水平的儿童道德发展特点如下。

①好孩子定向阶段——儿童会按照受欢迎人的形象来处理事情,注重别人评价,希望做一个他人眼中的好孩子。

②维护社会秩序与权威定向阶段——儿童重视法律和权威,根据社会秩序评判行为。

(3)第三水平:后习俗水平(初中之后)

后习俗水平的儿童道德发展特点如下。

①社会制度和良心的定向阶段——儿童认为法律应让人和睦相处,否则就应更改法律。

②普遍的道德原则定向阶段——儿童具有正义、尊严、价值和自由感,肯定社会秩序的重要性,但能认识到并非所有社会秩序都合理。

柯尔伯格认为,儿童的道德发展顺序是依照次序来的,不能跳跃发展,也不能超越这几个阶段,而且并非所有人都能达到道德发展的最高水平。

无论是皮亚杰还是柯尔伯格,他们都强调学前儿童的认知能力对道德发展的影响。教师和家长应该帮助学前儿童学会识别情境,学会评判行为,学会选择恰当的行为方式。在对儿童的道德行为进行教育干预的过程中,教师和家长应选择恰当的行为方式,如游戏,强化孩子符合道德规范的行为,规范正确行为模式,并促进正确道德行为的内化。

二、学前儿童道德发展的规律

(一)学前儿童道德行为的萌芽

1—2岁的幼儿,通过感知觉与身体动作逐步认识世界,表现自我各种情感和态度。这时候,他们的道德行为开始萌芽了。

(二)学前儿童道德行为的发展

学前儿童进入幼儿园后,其社会性发展就进入快速发展时期,在与同伴、教师相处过程中,儿童的道德的认识、情感、行为发展迅速。

3—4岁的儿童,道德认识和道德情感上发展有限,需要成人的引导、安排和控制,儿童会尊重和服从成人。

4—6岁的儿童,能根据成人提出的标准选择行为、判断行为,但自制力差,有时候明明知道正确的做法,但实际行动中却做不到。

第五章　锻炼意志：学前儿童的意志教育

意志力对于儿童的发展至关重要,因此加强学前儿童的意志品质教育是尤为必要的。儿童的意志教育并不是一时一日而成的,而是需要家长和教师在平时的生活和学习中加强配合,采取各种手段与措施培养和提升学前儿童的意志力。

第一节　意志的内涵

一、意志的概念与特质

(一)意志的概念

意志是人自觉地确定目的,并为实现目的而调节自己的行为、克服各种困难的心理过程。

与人类相比,动物是没有意志的,它们在自然界中的一切行为只是盲目的和被动的,其目的是生存。而人类则有意志,意志可以说是人类所特有的心理过程。例如,蜜蜂尽管能造出完美的蜂巢,但是它们并没有事先的计划,按照既定的图样进行筑巢,其筑巢的过程跟意志力也没有关系,只是一种动物的本能反应。

恩格斯说:"一切动物的一切行动,都不能在自然界打下它们意志的印记,这一点只有人类才能做到。"马克思也说:"蜜蜂建筑蜂房的本领使人类的许多建筑师都感到自愧不如,但是即使人类最蹩脚的建筑师从一开始就比灵巧的蜜蜂高明的地方在于,他在用蜂蜡建筑蜂房之前,已经在自己的头脑中把它建成了。"这些都充分说明,人是有意志的,人在活动前能自觉地确定目标,能根据既定的目标和具体实际合理调整自己的行为,直至实现预期的目标。这种意志过程是人的主观能动性的具体体现,而动物则没有这种表现。

综合以上事实,人的认识是由外界刺激向内部意识转化的一个过程,而意志则是由人的内部意识向外部动作转化的一个过程。正因人类具有了强大的意志和主观意识,才能去改造世界,成为世界的主人。

(二)意志的基本品质

1. 自觉性

自觉性是指个体能够深刻认识行为目的的正确性和重要性,并主动地支配自己的行动使之符合于该目的的意志品质。我国历史上有很多能说明人的意志品质的例子,如卧薪尝胆的越王勾践,他之所以能够立志复国,实现自己的抱负,就是因为具有坚定的意志品质,是意志自觉性的表现。可以说,一个具有坚强意志的人,首先应该要具有高度的自觉性,这样才能始终如一地坚定自己的信念,实现既定的目标和理想。

自觉性的反面是受暗示性和独断性。受暗示性,即对自己的行动缺乏信心,自己在行动的过程中容易受外来因素的影响而改变原来的目标或决定。独断性则是指不管自己的目的和愿望是否能实现,都一意孤行,刚愎自用,表现出较大的盲目性。

2. 果断性

意志的果断性,是指一个人善于明辨事物的真伪,能够迅速作出决定并采取积极行动的意志品质。拥有果断性这一意志品质的人往往处事深谋远虑,能当机立断。如果情况特别紧急,通常能放下顾忌,及时行动,敢于冒险,毫不动摇,迅速而坚定地作出决定,向着既定的目标努力;如果情况许可,他就会耐心地进行周密的考虑,甚至对于事情有了深刻的认识和充分的信心之后,才去采取行动,使采取的决定更趋于完善和切合实际。而有果断性品质的人,则是以自觉性为基本前提的,能迅速及时地做出反应。

果断性的反面是优柔寡断和草率冒失。优柔寡断是当决不决,当断不断,前怕狼后怕虎,首鼠两端,顾虑重重,内心总是处于无休止的矛盾冲突中。草率冒失是不当决而决,不当断而断。

3. 自制性

自制性,是指一个人善于掌握和调控自己言行的意志品质。只有富于自制力的人才会成为自己的主人。一般情况下,具有自制力的人,能够克服各种障碍和困难,去实现任务和目标。

在人的各项心理品质中,自制性也是其中非常重要的一项,与自制性相反的意志品质是任性或冲动。任性和冲动的人在遇到突发事件时不能审时度势地看问题,而是不考虑后果地任意行动,导致难以实现既定的目标和任务。

4. 坚持性

坚持性也是一项非常重要的意志品质,坚持性是指在行动中坚持决定,百折不挠地克服一切困难和障碍,以实现既定的任务和目标。坚持性的特点是不顾任何挫折和失败,义无反顾,始终不渝,锲而不舍,有始有终,不达目的,誓不罢休。一个富于坚持性品质的人,通常能始终如一地坚定必胜的信念,顺利实现目标和任务。

坚持性的反面是动摇性。动摇性的基本表现为见异思迁、朝三暮四、虎头蛇尾。这种人在遇到挫折或困难时往往会垂头丧气,退避三舍,最终导致功亏一篑,难以实现既定的目标。

需要注意的是,坚持性不同于顽固执拗。顽固执拗的人容易执迷不悟、固执己见、我行我素。这一种行为正是缺乏意志的表现,与坚持性有着明显的区别。

上述四种意志品质是相互联系的,其中坚持性是其他三种意志品质的综合表现。由于每个人都是不同的,在各方面都存在着较大的差异,因此每个人的意志品质的具体表现也不同,但总体来看,拥有坚强的意志品质的人更易于获得成功。

二、意志的特征

(一)目的明确而自觉

一般来说,人的行动有无意行动和有意行动两大类。其中,盲目的、本能的行动是无意行动,如遇光眨眼、遇火缩手,新生儿饿了要哭、尿布湿了要闹等都属于无意行动。无意行动是人和动物所共有的,它不属于意志行动。

与无意行动相比,人的意志行动属于一种有意行动,即人类的行动是在一定的意识支配下的行动,属于一种主动意识,这是动物所不具备的。意志行动可以说是人在经过一定的深思熟虑后所采取的有针对性的行动,既不是一时冲动,也不是毫无目的的勉强行动。

人的意志行动都有一定的目的性,如果没有目的性,就毫无意志可言。例如,一个人不喜欢某种食物,不是意志行动,而为了心爱的人不断去尝试这一种食物,争取做出更好的美味佳肴,则属于一种意志行动;听到声音,幼儿把头转向窗外,这不属于意志行动,而为了听老师讲故事,儿童克制住其他方面的吸引,则属于一种意志行动。

(二)能主动调节各种心理行为

意志对人的行为起着两种重要的调节功能,一种是激励功能,另一种是抑制功能。激励功能是推动人为了达到目的所必需从事的各种行为,而抑制功能则是制止不符合预定目的的行为。这两种功能在实际活动中是统一的。例如,幼儿在老师的要求下完成绘画任务时,如果在意志的激励下则能按照老师的要求完成绘画作品,而在意志的抑制作用下则不能顺利地完成绘画任务。

除此之外,意志还能有效地调节人的内部心理状态,促进人的心理完善与发展。例如,当幼儿在打针时,有一部分意志力比较坚强的儿童,通常能克服内心的恐惧,保持镇定,不让自己哭出来,这就是意志对于儿童的内部心理状态的调节。在这一心理调节的作用下,儿童能顺利完成既定的任务和目标。

(三)与克服困难之间的联系密切

人们在实现任务的过程中通常会遇到各种困难,实现任务或目标的过程就是利用意志克服困难和挫折的过程。由此可见,人的意志行动与克服困难之间有着极为密切的联系。

一般来说,人的意志行动包含着克服困难的因素,没有困难的行动称不上是意志行动。例如,一般幼儿的饭后散步,毫无困难可言,不是意志行动,但对于一个受伤的孩子而言,忍受疼痛坚持走,则属于明显的意志行动。又如,儿童举起 10 公斤的重物行走一段路程,需要坚强的意志力才能完成,对于儿童而言属于意志行动,对于成年人而言则不属于意志行动。

人在意志行动中遇到的困难可能来自于外部也可能来自于内部。例如,我国明代著名的地理学家徐霞客,为了考察研究我国的山川地貌,克服了长年跋涉于险峰恶水之间、披星戴月、风餐露宿的种种外部困难。考察途中,三个同伴有两个开了小差儿,一个病死,又遇强盗,衣物被劫,身受重伤。在"西望有山生死共,东瞻无侣去来难"的绝境之中,在几番病重、几回绝粮、几多艰难险阻、几次死里逃生的坎坷磨难中,他也曾动摇过、气馁过,但是最终还是凭着坚强的意志力克服了自身的怯懦和畏难等内部困难,没有退缩,继续前行,终于历时 30 余年徒步走遍了大半个中国,探清了我国主要山川的源流走向,这才有了千古不朽的经典巨著《徐霞客游记》。此书为后人研究我国的地形地貌提供了宝贵的资料。一般来说,外部困难最终必须通过内部困难而起作用,因此在克服困难的意志行动中,始终要把战胜自我、克服困难的精神放在最为重要的位置。

困难是一个人意志力的试金石。孟子曰:"天将降大任于斯人也,必先苦其心志,劳其筋骨,饿其体肤,空乏其身,行拂乱其所为。所以动心忍性,曾益其所不能。"因此,在实现目标的意志行动中,阻力或困难越大就越能磨炼一个人的意志,在客服困难与挫折的过程中极大地增强了意志力。

三、意志的作用

意志对人的发展具有非常重要的作用,大量的事实表明,强大的意志能成为人们改造社会的巨大推动力。一个人要想获得健康发展,为社会做出贡献,首先就要有坚强的意志。苏东坡说:"古之立大事者,不唯有超世之才,亦有坚忍不拔之志。"古今中外,大凡有成就的人,普遍都拥有坚强的意志品质。甚至一些智力并不突出的人,只要有坚强的意志,同样可以取得成功。如我国著名的数学家华罗庚小时候曾因算术不及格而留过级;被尊称为"科学之父"的爱因斯坦小时候曾被人看成是"笨孩子",并无智力出众的表现;英国剑桥大学的桑格博士,是世界上唯一两次荣获诺贝尔化学奖的人,他说:"两度获得诺贝尔奖是我做梦也没想到的,这和智商毫不相干。我用三年的时间才能得到一般人只需两年就能得到的硕士学位。"因此,他以坚强的意志努力学习,以顽强的意志品质最终攀登上了科学的高峰。

美国有一项调查研究,选取 800 名男性作为实验对象,30 年后,将其中成就最大的 20% 与没有什么成就的 20% 的人作比较,发现他们之间最明显的差别不在智力的高低,而是个性意志品质的不同。成就大的,普遍具有不屈不挠的意志品质,而成就小的则比较缺乏这些品质，通常在遭受到一些困难和挫折时就会选择放弃，这导致他们难以获得大的成功。由此可见，意志具有非常重要的作用，在人的成长与发展中扮演着十分重要的角色。作为家长和教师，一定要在儿童时期注重儿童的精神意志力的培养，这对于儿童将来的发展是非常有帮助的。

四、意志的过程

意志可以说是一个自觉行动的过程，其发展历程中包含诸多方面的要素，它是人的一个心理发展历程。一般来说，人的意志行动过程主要分为以下两个阶段。

（一）采取决定阶段

这一阶段是人的意志行动的准备阶段，这一阶段对于人的意志培养至关重要。在这一阶段中，人们主要从思想上权衡不同方向或代价，确定行为的目的，选择行动的方法并作出行动的决定。这一阶段是人的意志行动的必不可少的环节，在很大程度上决定着意志行动的方向和目标，因此要引起高度重视。

这一阶段所涵盖的内容较多，涉及诸多环节，其中产生动机、确定活动行为的目的、采取行动的方法、制定行动计划等是最为重要的几个环节，缺一不可。例如，教师给儿童布置课外作业，儿童是选择自己独立完成，还是在遇到困难时求助大人，这就属于一个采取决定的阶段。

（二）执行决定阶段

在经过采取决定阶段后，就进入了执行决定阶段，这一阶段是意志行动的中心环节。人在执行某种决定时，一般会遇到以下两种情况。

一种情况是行动主体在确定目的后，在各种主客观条件都具备的基础上，立即执行。

另一种情况是在行动主体作出一定的决定后,需要延后一段时间才能执行,这就对行动主体提出了一定的要求,要求必须要具备意志的坚持性。

以上两种情况是人的意志执行决定阶段的重要表现,在这两种情况下,行动主体都会遇到一定的困难。当其在克服各种困难和挫折后,实现既定的目标时,意志行动就算完成了。例如,儿童在组装一个玩具汽车时,首先在头脑中设想好组装车轮,这时遇到一定的困难,在观察其他小朋友的组装步骤后,却仍然坚持自己的想法,这一过程就是意志的执行过程。

五、意志与认识、情感的关系

意志与人的认识、情感有着非常密切的关系,这些关系突出表现在人的各种行为活动之中,下面就进行简单的分析。

(一)意志与认识的关系

1. 认识活动是意志行动的前提

意志虽然是主观观念的东西,但它不是凭空产生的,意志的产生来源于客观现实,是人对客观现实的认识活动的一种产物。人确立这种或那种目的,归根结底取决于人的需要,而需要也是人对客观现实的反映。因此,离开了对客观现实的认识活动,意志就无从产生。人的行动目的来自于对客观现实的认识,但目的不是随意提出的,它受一定的客观规律的制约和限制。人只有认识了客观世界的规律,认识了自身的需要和客观规律之间的关系,才能提出和确立合理的目的,为实现确定的目的所采取的行动才有意义。

人在实现任务和目标的过程中,通常会遇到各种困难和挫折,这就需要人们及时地调整自己的心态,分析现实的条件,回顾以往的经验,设想将来的后果,拟订切实可行的行动方案去克服困难,实现目标。以上行动都依赖于人的认识过程,否则就无所谓意志活动。

2. 意志也影响人的认识活动

现代社会发生了极大的改变,可以说一切现实的实践活动都属于人的意志行动,人们需要克服各种困难才能实现社会的变革。没有意志,人就不可能有全面而深刻的认识活动。例如,世界上发现非欧几何的有两个人:一个是匈牙利的波里埃,他早在12岁时就开始研究非欧几何并取得了一定的成就,但因遭到传统势力的反对而失望、苦恼,竟放弃了此项有光明前途的研究。另一个是俄国的罗巴切夫斯基,他发表非欧几何的理论后,也遭到了人们的嘲弄和攻击,但他不怕打击,始终坚持真理,勇往直前,最终获得了成功。这些事例都充分说明意志对人的认识活动具有重要的影响作用。

(二)意志与情感的关系

1. 情感对意志具有动力功能

积极的情感可以鼓舞人的意志,成为意志行动的动力,即"爱之愈切,行之愈坚"。例如,深深的爱国主义情感,曾鼓舞着千千万万个杨靖宇、董存瑞、黄继光式的将士在战场上不怕牺牲、排除万难、消灭敌人、保家卫国;曾激励着数以万计像钱学森、钱三强、杨利伟这样的科技工作者和航天英雄不畏艰险、刻苦攻关、勇攀科技高峰,铸就了令世人瞩目的"两弹一星"精神和当代中国航天精神。反之,消极的情感则可以成为意志的阻力,动摇和销蚀人的斗志,阻碍人去实现原定的目标,使意志行动半途而废。

2. 意志对情感具有调节功能

意志不只是受情感的影响,反过来也调节情感。坚强的意志可以控制消极情感的不利影响,使情感服从于理智。例如,俄国作家屠格涅夫曾劝告那些容易和别人吵架的人在冲动之前,把舌头先在嘴里转10圈,以期使头脑清醒;林则徐脾气急躁,遇事易怒,于是就在自己的房间里写上"制怒"两字,当要发火时,看见这两个字,就迫使自己冷静下来。这就是在意志支配下理智战胜情感。反之,意志薄弱的人,容易成为情感的奴隶,失去理智,一失足酿成千古恨,如激情杀人就是意志失控,情感战胜了理智。由于意志本身执行着组织和调节功能,因此,对某项意志行动起阻碍作用的情绪实际上同意志处于相互制约、此消彼长的关系之中。在这种情况下,意志行动最终能否得以实现,取决于意志和消极情绪之间的力量对比:意志坚强则可克服不利情绪的干扰,使行动贯彻始终;意志薄弱而消极情绪强烈,则会导致意志行动半途而废。

综上所述,人的认识、情感和意志之间的联系非常密切,它们相互影响、相互促进。任何意志过程总包含有认识成分和情感成分,而认识过程与情感过程也包含有意志的成分,它们之间构成了人们统一的、整体的心理活动过程。

六、儿童缺乏意志的表现

儿童的可塑性较强,在儿童各项素质的培养中,意志力的培养非常重要。当前社会经济水平得到了极大的提高,人们的生活水平也得到了极大的改善,在优越的经济条件下,儿童普遍缺乏意志力,这主要体现在以下几个方面。

(一)攻 击

学前儿童在遭受一定的挫折后常会出现一些不良情绪,如果不加以开导,他们还有可能产生一些过激行为。如有些儿童在跟父母逛街时,如果家长没有满足儿童的购物需求,就会大喊大闹,甚至对父母动手动脚;而在幼儿园中,有些儿童在受到老师的批评后会将怒火发泄到其他小朋友身上,这充分展现出儿童的攻击性特点。

(二)退　化

随着儿童年龄的不断增长,他们逐渐学会了控制自己的情绪,能够在特殊情况下做出恰当的反应。但是,对于某些学前儿童而言,他们在遇到一些困难和挫折时往往不能很好地应对而失去理智,常会以粗暴的方式去处理。例如,稍大的学前儿童在缺乏父母的关注时常会以撒娇或者哭泣的方式来吸引家长的注意。

(三)固　着

有些学前儿童在遭受到一定的挫折后,通常会刻板地重复某种无效行为。如吸吮手指这一行为,如果家长采取粗暴的方式加以阻止,反而难以收到理想的效果,甚至可能会导致儿童其他不良行为的出现。

(四)幻　想

对于一些意志力薄弱的学前儿童而言,他们在遭受一定的挫折时常会利用想象力来应对这些挫折。例如,受到教师批评的学前儿童会对家长掩饰这一情况或者向家长阐述教师如何表扬他之类的话。

(五)回　避

随着人们生活水平的不断改善,受父母溺爱的孩子在遭受一定的挫折时,通常会采用回避的方式来处理这一问题,长此以往会导致儿童适应不良,害怕困难和挫折,不求进取。这对于儿童的发展是非常不利的。

(六)其　他

很多适应能力较差的学前儿童在遭受一定的挫折后通常会表现出多疑、嫉妒、内向、自我封闭、注意力分散、过于偏激等心理问题。导致这些心理问题的原因是由于学前儿童意志力薄弱,难以承受刺激。这些不良心理行为会影响儿童良好意志品质的形成,对此,家长和教师要引起高度重视。

第二节 学前儿童意志的发展

前面讲到意志是人类特有的心理机能,它是伴随着人的发展而不断发展的一种心理品质,在其发展的过程中,与各方面都发生着密切的联系,而不是孤立进行的。意志必须要在人的整体心理发展中得到发展,它与人的认知、意识、言语、情感等各方面都发生着密切的联系。对于儿童而言,儿童意志的发生和发展是在其先天基础的条件上,在父母培养其各种学习和活动等过程中逐步发展起来的。

一、学前儿童意志的发生

学前儿童意志的发生主要表现在意志的发生和萌芽两个方面。

(一)学前儿童有意运动的发生

有意运动属于人的意志品质的组成部分,是建立在无意运动基础之上的一种行为活动。无意运动则是指直接由事物变化引起的无条件反射运动。无意运动是天生的,如刚出生的婴儿就会吸吮,人碰到烫的东西就会缩手等都属于无意运动。而有意运动是人为了达成某种目的而主动进行的运动,如打扫卫生、参加跑步等。与无意运动相比,有意运动主要有两个特点:第一,人们在完成某种有意运动时,通常会在脑中构想这一运动的目的;第二,有意运动是人们通过后天的不断学习习得的。人只有在无意运动的基础上学会某种有意动作,才能在今后某种情况下做出这种动作。原来纯粹由外部刺激引起的被动动作可以通过建立暂时

第五章 锻炼意志:学前儿童的意志教育

的联系,转化为由内部语言动觉刺激所引起的主动运动。

对于刚出生的婴幼儿而言,其有意运动的发生主要体现在手脚运动上。3个月的婴儿会用自己的一只手去抚摸另一只手;4—5个月大的婴儿会出现手的有意动作。在逐渐长大后,能够主动用手去抓握眼前的物品;当碰到一些不熟悉的物品后儿童就会出现一定的无意识的抚摸动作,当碰到柔软的物品时,儿童会无意识地用手去抚摸;随着学前儿童年龄的不断增长,儿童开始逐步进入使用工具的有意运动阶段。

(二)学前儿童意志行动的萌芽

前边已经分析,意志行动属于人类所特有的一种行动,它的萌芽与发展主要经历了以下几个阶段。

1. 最初的习惯性动作

对于刚出生的婴儿而言,他们的吸吮动作等都属于本能的反射动作,如婴儿的抓握、放手、退回去,又伸出手再去抓握等。这些重复的动作只是来自于天生的习惯,属于一种习惯性动作。

2. 最初的有意性和目的性

据研究发现,4个月大的婴儿出现了最初的有意性和目的性。第一,婴儿动作的重复循环有了一定的目的,不再是机械的重复动作。比如,学前儿童会用手去动挂在小床上的玩具,不再只是获得触觉上的体验,而是有意摆来摆去。第二,动作超出了身体的界限,开始了最初对世界的探索。第三,对动作的影响有所预见,意识到重复动作能实现某种效果。

3. 意志行动萌芽

随着儿童的成长,8个月左右婴儿的有意性动作出现了较大的质变,意志行动开始萌芽。而1岁以后,儿童意志行动的特征表现得更加明显。1.5—2岁的儿童可以根据一定的目的采取相应的行动方法。在这一时期,儿童的言语也获得了巨大的发展,从而影响着儿童意志的发生。2岁左右的儿童常常会模仿成年人的言语来控制自己的行动。例如,在摔倒时对着自己说"站起来,不哭",在大人做某一件事情时说"这样是不对的"等。

二、学前儿童意志的发展

(一)行动过程中自觉性的发展

6岁以前的儿童意志活动处于发展的低级阶段,受生理水平和整个心理活动发展水平的限制,意志内化水平不高,意志过程往往表现为外露的意志行动。因此,我们常常以意志行动来讨论学前儿童意志的发展。学前儿童期意志的自觉性发展有如下特点。

1. 自觉的行动目的开始形成

对于2—3岁的儿童而言,他们的行动一般都没有明确的目的,受外界影响较大。学前儿童如果做了错事,成人问其原因,他们就会显得非常茫然,因为他原本就没有什么行动目的。此时儿童的受暗示性较强,成人外加的目的在儿童的行动中起着相当重要的作用。这一时期往往要由成人提出行动要求并且进行示范和讲解,从而为儿童确定行动的目的,指导儿童按照一定的要求去做,在做的过程中儿童的自觉意识才能逐步得到强化。

对于4—5岁的儿童而言,他们行动的目的性进一步增强,这一年龄段他们逐渐能意识到自己的行动可以得到什么结果。这就使得他们在进行行动之前能事先确定相应的目的。在成人的指导下,学前儿童学会提出行动目的,开始尝试着在学习或活动中独立地预想行动的结果,确定行动任务。这时候,学前儿童能够在游戏、绘画等活动中确定活动的主题、内容和方法。尽管儿童的行动目的性得到了很大的提高,但在这一年龄段,儿童仍旧离不开成人的指导和帮助。

5—6岁儿童的认知水平已有了非常大的提升,他们能够根据行动提出明确的目的。他们可以在比较熟悉的活动中确定行动任务,采取相应的行动方法,制订相应的行动计划。

综上所述,学前儿童期是形成自觉行动目的的关键时期。在这一时期,家长和教师一定要高度重视学前儿童自觉意识的培养。在他们的学习和活动中,行动目的和方法的确定很大程度上还要依赖成人的帮助。因此,成人在学前儿童的学习和活动中,既要考虑到学前儿童的心理特点,给学前儿童提供必要的帮助,同时还要正确引导儿童的自我发展,不能一切都依赖于成年人,要养成自我独立发展的意识和习惯。

除此之外,在培养学前儿童自我意识的过程中,家长和教师还要注意引导其意志行动向着正确的方向发展。成人要考虑行动目的的合理性和道德要求,要用机智的技巧和方法避免学前儿童提出不合理的行动目的和方法,使他们从意志萌芽就养成良好的意志品质,还要注意防止任性、执拗等不良意志品质的形成。

2. 各种动机的主从关系逐渐形成

3—4 岁的学前儿童在做任何事情时,其行为动机仍然以感知形式为主。曾经有过一个这样的实验,实验者要求 3—4 岁的学前儿童去完成他们不感兴趣的任务——收拾一大堆旧玩具,并告诉他们完成任务后可以获得新玩具。实验在三种条件下进行:第一种条件是口述任务;第二种条件是在任务之前展示新玩具给学前儿童看,看完收起来;第三种任务是将新玩具一直呈现在学前儿童面前,但是学前儿童不能去拿玩具。实验结果是,第一种条件下的学前儿童全部都能完成任务,在第二、三种条件下学前儿童很难完成任务。第一种条件下,当获得新玩具的动机是以表象形式出现时,学前儿童能够完成他们不感兴趣的任务,但是在第二、三种条件下,他们看见过新玩具甚至可以一直看到玩具。这些动机在学前儿童的头脑中起到了一定的激励作用,不利于儿童完成既定的任务。

随着年龄的不断增长,学前儿童的动机主从关系逐渐走向稳定。有一个实验要求学前儿童想方设法把放在远处的东西拿到手,但是只能坐在原位置,不可以站起来。为了检查学前儿童的自觉性,实验者在墙上安装了可以进行观察的隐蔽的光学装置。实验者观察到有些学前儿童在多次尝试失败之后会偷偷站起来去拿那个东西,然后又坐回原位。这时,实验者故意表扬了学前儿童并奖赏糖果,但是学前儿童竟然拒绝了糖果。这个实验表明,这些学前儿童的行动中包含了两种动机:遵守规则的动机和想要获得东西的动机。当实验者给予学前儿童相应的奖赏时,学前儿童在两种动机之间发生动摇。这也说明学前儿童在活动开始时起主要作用的动机虽然发生了一定的动摇,但行动动机中的主从关系没有发生改变。

(二)行动过程中坚持性的发展

坚持性的实验能很好地揭示学前儿童的动机及意志发展水平。曾经有过这样一个实验:让2岁、4岁、6岁的儿童按指定要求分拣和折叠三种堆在一起的布料,考察儿童坚持性的发展。结果显示,4岁和6岁的儿童在实验中用于完成任务的时间多于2岁的儿童,而用于任务以外的时间少于2岁的儿童。从完成任务的数量上看,6岁的儿童比2岁、4岁的儿童完成的多。这一实验结果充分表明,儿童的坚持性随着年龄的增长而不断提高。

与婴幼儿相比,学前儿童的坚持性要更加持久,他们普遍能逐渐在感兴趣的活动中坚持行动,完成成人或集体交给的任务。学前儿童随着年龄的不断增长能自觉地坚持行动,实现预定的目标。除此之外,他们在行动中还能主动采取一些有利于实现目标的方法和手段,从而更加顺利地坚持行动。随着学前儿童年龄的增长,他们逐渐有了责任感、义务感等高级情感,这使得他们能完成更加艰巨的任务。

还有一项实验,实验要求儿童在空手的情况下保持哨兵持枪的姿势。结果表明,无论在哪一种条件下,学前儿童有意保持特定姿势(坚持性)的时间都随着年龄的增长而增加。相关实验表明,学前儿童感兴趣的游戏能有效延长学前儿童活动的坚持性。至于6—7岁的学前儿童,在每种实验条件下基本都能维持12分钟,坚持性没有明显的变化,这说明他们已经有了较强的意志坚持性,因此在行动的过程中能克服不利因素,顺利实现既定的目标。还有人对学前儿童做了找星星和走迷津的实验。找星星实验要求被试从测试纸上的各种图形中依次找出五角星,并用笔把它划掉,这个实验用以研究学前儿童在克服由单调、枯燥的活动引起的心理困难时的坚持性。走迷津实验再次证明,学前儿童的坚持性是随着年龄的不断增长而逐步提高的。

大量的实践和研究表明,学前儿童在2—3岁时坚持性开始得到逐步提高,他们普遍能在某些条件下有意识地控制自己的行动,但其行动不能完全受行动目的制约,时常会违背自己的行动目的。他们坚持的时间一般极短,在遇到一定的困难和挫折后,通常就会失去完成任务的动力。例如,在"哨兵姿势"实验中,3岁的学前儿童能保持实验要求的动作的平均时长只有18秒,有不少学前儿童在自己姿势已改变的情况下仍未觉察,如出现转头、换脚、挥动左手、放下右臂、手提成拳等动作。甚至在许多场合,3岁的学前儿童不能接受坚持性任务,如在找星星和走迷津的实验中,3岁的学前儿童也无法完成既定的任务。

学者韩进之和李季眉(1985)曾经对学前儿童的坚持性做了相关的实验,研究表明4—5岁学前儿童的坚持性得到了明显的提升。"哨兵姿势"在不同实验条件下的变化已充分地证实了这一点。因此说,4—5岁是学前儿童坚持性发展的关键年龄,家长和教师要引起高度重视,在平时的生活和学习中要注意培养学生的坚持性,促进其意志的发展。

学前儿童的意志发展直接关系到他们整个心理的发展水平,因此一定要注重学前儿童意志的培养与发展。学前儿童只有具备了坚强的意志才能克服各种困难,走向胜利。意志行动是一种高级的、特殊的有意行动,其特点不仅在于自觉意识到行动的目的和过程,而且在此过程中要加强自我控制,不断地调整自己的心理和行为,努力克服前进中的困难,坚持达到预定的行动目的。意志行动对学前儿童来说有一定难度,因此学前儿童意志品质的发展要经历一个比较长的时间。对整个学前儿童期而言,学前儿童的意志品质还只是处于比较低级的水平,需要成人有意识地加以培养。

(三)行动过程中自制力的发展

受自制力较弱的影响,学前儿童在日常生活中经常会遇到一定的矛盾冲突,这是不可避免的。自制力对于学前儿童而言非常重要,这是学前儿童期需要获得的一种重要的意志品质。社会认知心理学家柯普将自我控制定义为个体自主调节行为使其与个人价值和社会期望相匹配的能力。它能引发或制止特定的行为,帮助人们获得健康发展。

大量的研究与实践表明,自制力的发展与学前儿童的年龄直接相关。一般情况下,自制最早发生于个体出生后12—18个月,也有研究者认为自制的个别心理机制可出现在学前儿童出生后6—12个月。学前儿童出生后一些认知发展(自我意识、记忆与思维、言语理解等)是自制发展的基础,而注意机制的成熟更是自制发生与进一步发展的重要基础。

随着儿童认知水平的不断提高,儿童的自制力也逐渐得到发展。到了五六岁,学前儿童的自制力有了明显的提升。这时的学前儿童能够在没有外界监控的情况下服从父母的要求,也有可能根据他人的要求延缓自己的行为,根据自己的动机调节自己的行为。例如,5岁的冬冬想要看动画片,但是妈妈要求他画的画还没画完,如果这时他能够压制自己想看动画片的冲动,而坚持将画画完,那么他就需要自制。5—6岁组女孩的自制力比男孩强,这可能是女孩心理成熟水平比男孩早且高的缘故。总的来说,学前儿童自制力的水平都不高。

大量的研究表明,年龄是早期自制力最显著的预测因素。例如,在1岁前对学前儿童下命令是不可能被执行的。因此,3岁之前儿童自制力的稳定性,以及以此为依据对后来自制力水平的预测性都比较差。随着年龄的增长,儿童对自己行为的自制力显著提高,克雷曼和布洛克在一项长达20年的追踪研究中发现,儿童3—4岁时所测得的自制力水平与15—20年后所测得的自制力水平之间的相关达到了极其显著的水平,而且男孩的相关高于女孩,具有更大的预测性。这一现象可能表明男性的自制力发展受内源性因素影响较大,如气质,而女孩受外源性因素影响较大,如环境。男性与女性在自制力发展方面呈现出较大的差异。

还有研究发现,具有较高自制力的学前儿童一般具有较高的成就动机,自制力缺乏的学前儿童一般不会有很高的发展动机。除此之外,自制力的缺乏还会导致某些学前儿童出现多动症,这严重影响到儿童的健康发展。

关于自制力,并不是任由其发展,而是要有一个适宜的度。通常情况下,学前儿童的自制力都比较低,常常表现为容易分心,易冲动,攻击性强;但如果学前儿童的自制力过强,很少在班级和家里惹麻烦,容易被成人忽视,这样的儿童容易焦虑、抑郁,导致不合群,也不利于健康发展。最适宜的自制可以称为有弹性的自制。这类学前儿童的特点是管得住、放得开,能随环境的变化做出相应的改变。

三、影响学前儿童意志发展的因素

一般来说,学前儿童意志行动的发展水平比较低,受各方面影响的因素较多。各种因素在儿童发展的不同时期都具有不同的作用。总体来看,影响学前儿童意志发展的因素主要有以下几个。

(一)遗　传

遗传因素在儿童身体发展中扮演着十分重要的角色,它不仅能影响儿童动作的发展,同时还是儿童身体发展的重要基础。动作是神经系统支配的骨骼、肌肉系统的活动,动作也与呼吸系统有关。因此动作的发展与整个身体的发展有密切关系。在体格发育上，遗传因素占据着相当大的比例，动作能力的发展在一定程度上也是由遗传决定的，体型在一定程度上与遗传有关，而体型又在很大程度上影响人体运动能力的发展。因此，在儿童意志发展的过程中还要十分注意儿童的遗传因素。

（二）成　熟

儿童在成长与发展的过程中，时常会遇到各种各样的问题，正是在解决各种问题的过程中，儿童逐步走向成熟。儿童动作发展有关键期和敏感期。如果在这时抓住时机，对儿童的某种动作进行发展和提高，会有事半功倍之效。六岁以前是儿童动作发展的关键期，最初始的动作和基本的动作都是在这个时期学会的，这与成熟因素有着密切相关的关系。因此，作为家长和教师，在平时的生活中一定要重视儿童动作发展的辅导，使他们尽快成熟起来，当然这种成熟并不是拔苗助长，而是循序渐进的发展。

（三）练　习

对于学前儿童而言，他们学习各种动作都要经过一定的练习。通过各种练习，儿童逐渐成长和成熟起来。对学前儿童来说，学习各种动作时，练习与不练习会使动作发展有很大区别。许多人的某种运动能力终生处于初级阶段，未能发展到成熟阶段，缺乏练习机会就是其中一个主要的原因。因此，家长和教师一定要配合好，多为儿童提供各种练习的机会。

（四）自身积极性

要想培养和提高学前儿童的意志力，促进其积极性的提升也是一个重要的手段。家长和教师要想方设法地提高儿童各方面的积极性。

1. 利用兴趣

俗话说，兴趣是最好的老师。当某一个人对某一件事物产生了兴趣后，就能积极主动地去参与活动。因此，教师和家长要充分观察儿童的兴趣所在,为他们营造提高自身积极性的机会。

2. 注意态度

大量的事实表明,成人的态度在学前儿童动作和意志行动的发展中也起着非常重要的作用。孩子通过自发的活动,尝试进行各种动作,并在尝试的探索中获得各种成就感。另外,增加自信心是孩子发展各种意志行动的有力的内部力量。肯定和鼓励可以增强孩子的自信。当孩子取得点滴进步时,成功感可以使他增加自信心。当孩子在活动失败时,更需要成人的支持。成人的亲近和语言强化,如称赞、鼓励等都能使其再接再厉,提高积极性。但是,如果成人坚持包办、代替,则会打击其积极性,不利于其健康成长。

3. 学前儿童自己的态度

学前儿童对行动的态度会影响意志行动。学前儿童对行动的理解有助于提高其意志水平,对自我控制方法和其他意志行动方法的认识也有助于提高意志行动的水平。同伴的比较对学前儿童的意志行动起着干扰或促进的作用。

第三节　学前儿童意志的培养

一、学前儿童意志培养的内容

(一)在教学活动中培养意志

为培养学前儿童的意志力,教师可以充分利用教学活动中的各种手段,如向儿童讲述意志坚强的英雄人物故事,激发儿童学习英雄人物的动力;可以选择一些富有趣味性的文学作品,通过富有感染力的朗读感染学前儿童,让学前儿童明白专心致志、持之以恒的重要性。另外,教师还要在教学活动中培养学前儿童的注意力、记忆力和思维力,提高儿童参加教学活动的效率,培养儿童良好的意志品质。意志力的培养不是一件容易的事情,要在教学活动中将以上几个方面统一起来进行,要将意志力的培养看作是一项长期的工作。

(二)在日常生活中培养意志

儿童意志力的培养不是一件轻松的事情,除了在教学活动中培养外,还要在日常生活中培养。要培养儿童坚强的意志力必须从日常生活中的小事做起,家长要以身作则,为孩子做好良好的示范和榜样。

1. 从生活习惯培养开始

在平时的生活中,教导学前儿童自己的事情要自己做,并持之以恒地坚持做某一件事情。例如,学习洗脸、刷牙、吃饭、穿衣等。通过这些小事的锻炼能培养儿童良好的自我动手能力,在一定程度上增强了学前儿童行为的坚持性。当学前儿童在日常生活中出现一些问题时,家长不要对其进行呵斥,要耐心地对其进行教育,指导他们做出正确的行为。例如,在冬天,学生通常会怕冷而不愿起床,这时家长可以帮助儿童转移他们的注意力,帮助其体验成功的喜悦,进而逐步提高他们的自制力。

2. 要求学前儿童帮助成人做一些力所能及的事情

在平时的生活中,要培养学前儿童良好的生活习惯,并且要引导学前儿童做一些自己力所能及的事情,如打扫卫生、取牛奶等。给学前儿童指定一定的任务,并要求他们按时完成任务,不能半途而废,逐步培养儿童的自制能力。

3. 引导学前儿童做自己不愿意做的事

在平时的生活中,儿童时常会出现不配合家长的问题,显得有些任性,这时家长可以采取说服教育的方式,让儿童先完成自己不愿意做的事情,然后再做自己愿意做的事,如先吃完饭才能玩自己喜欢的玩具等。

(三)在锻炼身体的活动中培养意志

在平时的生活中,家长还要注意通过参加身体锻炼活动来增强学前儿童的体质,如爬山、远足、野营等,这是培养学前儿童良好意志品质的重要途径。通过参加各种各样的体育活动,学前儿童能初步体验到吃苦耐劳的精神,培养和提高自制力与意志力。但是,随着当今社会人们生活水平的不断提高,家长通常都比较溺爱孩子,有时不愿意看到孩子吃苦,这在一定程度上影响着儿童意志品质的培养。

总体来看,我国学前儿童参加体育锻炼活动的时间和次数都是不够的,究其原因主要在于家长担心孩子在体育锻炼中受伤,怕出现运动伤害事故。实际上,儿童在参加体育活动的过程中发生轻微的磕碰是非常常见的,并无大碍,这样反而能培养儿童坚强的意志品质,有益于儿童的身心健康发展。只有让儿童在磕碰中感受挫折,才能培养其战胜困难和挫折的勇气,提高自信心,促进自身的健康成长。

学前儿童在日常生活中经常会发生一些磕碰情况,这些磕碰对于他们而言也是一次挫折的经历,在发生这一情况后,教师或家长要对儿童进行必要的引导,鼓励他们建立战胜困难的勇气。在幼儿园教学活动中,如果发生了一定的事故,要细致分析事故的原因,如果经查是意外事故,家长就要给予教师充分的理解和信任,使教师能够放开手脚去工作,帮助孩子健康地成长。

(四)在力所能及的劳动中培养意志

劳动可以说是培养和提高学前儿童意志力的重要途径和手段,在各种形式的劳动中,学前儿童能够得到身心的发展和锻炼,培养顽强的意志力。目前,很多幼儿园都比较注重学前儿童的智力发展,而在一定程度上忽视了体力劳动。实际上,这种做法有失偏颇,不利于学前儿童的健康成长。时常让儿童参加一些体力劳动能锻炼其良好的意志力,杜绝贪图享受等不良个性,养成良好的劳动习惯,促进人格的完善。

因此,作为一名幼儿园教师,可以每天给学前儿童布置一些适当的体力劳动,让他们体验到劳动的快乐,在劳动中培养和提高意志力。如教师可以安排值日生帮助教师扫地、擦玻璃、收拾课桌等,一般来说,大部分儿童都是乐于接受的。另外,在集体劳动中还能培养他们的责任感、荣誉感,促进身心健康发展。

(五)在游戏中培养意志

利用游戏活动也是培养和提高学前儿童意志力的重要手段。儿童从生下来就喜欢各种游戏,这是人的天性。因此,在平时的幼儿园教学活动中可以多设计一些游戏活动来培养学前儿童的意志,如利用角色扮演游戏引导儿童建立服从规则的意识。学习解放军站岗,在周围放上各种玩具,学前儿童需要克服玩具的诱惑坚持站岗放哨。还可以布置解放军的行军任务,事先设置好一条行军路线,让学前儿童在规定的时间内完成爬山、过桥、下滑梯等各种游戏项目,这些对于培养和提高儿童的自制力与意志力都有非常大的帮助。

(六)在家庭和幼儿园的相互配合中培养意志

在培养学前儿童意志力的过程中,还需要家长与幼儿园的密切配合。在幼儿园方面,教师可以利用家访、开放日、家长会等形式与家长进行及时的沟通,向家长说明儿童在学校的发展情况,向家长讲述培养学前儿童意志力的重要性。家长要与教师统一思想,相互配合,采取合适的手段培养儿童的意志力。

二、学前儿童意志培养的原则

培养和提高学前儿童的意志力对于其今后的身心发展具有重要的意义,在培养儿童意志力的过程中需要遵循以下基本原则。

(1)理论联系实际原则。培养儿童的意志力,要充分遵循儿童成长的特点和规律,结合儿童的具体实际情况采取适宜的手段与方法。

(2)适度原则。意志力的培养并不是一件轻松的事情,对儿童提出的要求要适当,不能太高,也不能太低,学前儿童经过一定的努力能实现。

(3)激励性原则。在培养学前儿童意志力的过程中,要学会经常运用激励法,鼓励学生主动去探索和尝试,帮助儿童建立自信心,这对于培养和提高儿童的意志力具有非常大的帮助。

三、学前儿童意志培养的方法

(一)目标导向法

人们参加任何活动都需要一定的意志,人的意志行动是建立在一定的目的基础之上的,可以说,没有目的的行动就不能称之为意志行动。因此,在培养学前儿童意志力的过程中,教师一定要指导儿童设立一个既定的目标,使儿童有努力前进的方向。一旦儿童有了既定的目标,他们就有了前进的动力,在实现目标的过程中表现出顽强的意志力。在确定儿童活动的目标时,要结合儿童的实际水平进行,不能对孩子提出过高的要求。否则,不仅不能使儿童的意志得到锻炼,甚至还会带来负面影响。总之,要结合儿童的身心发展特点与具体实际确定一个合理的目标,然后坚决要求儿童执行,直到实现这一目标为止。儿童在完成既定的目标时,家长与教师要给予鼓励,这样儿童能建立强大的自信心。

(二)独立活动法

每一个意志力坚强的人都具有独立的人格,因此从小培养儿童的意志力,促使其养成独立生活,独立思考的能力具有非常重要的意义。在平时的生活中,家长应尽量给孩子创造独立活动的空间,培养孩子独立解决问题的能力。另外,家长还要给予孩子必要的关心和爱护,但关心和爱护要适当,不能溺爱,否则就容易使其形成一定的依赖心理,这样不利于意志力的培养和锻炼。家长如果对本该儿童做的事情包办代替,就永远也不能培养其自理能力。因此,从小就应该循序渐进地培养幼儿的独立性,如让孩子自己吃饭、穿衣、收拾玩具,养成自己解决问题的好习惯。儿童正是在自己解决各种问题的过程中培养和提高了自己的自理能力,也锻炼了自己的意志力。当然,有时儿童会出现不愿配合的情况,这时家长不要强迫,而应采取引导的办法,引导儿童对这些活动产生兴趣,促使其自愿、积极主动地参与到自理活动之中,从而提升自信心,增强意志力。在培养幼儿独立性方面,家长要采取适当的手段,这一点国外家长的做法值得借鉴。如在法国,大雨天幼儿要自己撑伞、穿雨鞋在雨中走路,锻炼孩子的活动能力。在日本,当孩子蹒跚学步跌倒时,父母从不去扶他,只在一旁给予适当的鼓励;当孩子拿着东西掉在地上时,父母鼓励其自己捡起来。这样能很好地培养孩子的独立精神与负责行为。在日本,很多学生都要在课余时间打工挣钱,这不仅能很好地培养他们的社交能力,还能培养其顽强的意志品质。在美国,许多父母给孩子的零用钱不是无偿的,需要孩子通过一定的劳动才能获得。与国外相比,中国父母对孩子比较溺爱,致使孩子形成了依赖的心理,一旦走出家庭,失去父母的依靠后,就会变得胆小、畏缩,缺乏战胜困难的勇气。因此,在平时的生活中,家长和教师需要采取独立活动法来培养儿童的自理能力,进而提升其意志力,促进儿童健康成长。

(三)困难磨砺法

大量的事实表明,坚强的意志力是在困难中不断磨砺出来的。人们的生活不总是一帆风顺的,总会遇到各种困难和挫折,对于学前儿童而言也是如此。例如,儿童在学走路时会摔跤,和小朋友争抢玩具没抢到等。当儿童遇到这些挫折时,家长和教育不要对其一味地施加帮助,而是要引导他们培养和提高自己解决矛盾与冲突的能力。孩子在成长的过程中,不仅要得到快乐,还要面对一定的困难和挫折。因此,老师和家长要有意识地为孩子提供克服困难和挫折的机会,使他们充分认识到生活的真实情况,尽可能地克服自己所遇到的各种困难。儿童在克服困难的过程中,锻炼和提高了自己的意志力。如果家长为孩子扫清了一切前进的障碍,他们就会逐渐失去克服困难的能力,成为温室中的花朵,一旦遇到一些困难和挫折就会陷入泥潭,无法解决问题。对于从小在顺境中成长起来的孩子而言,有意为他们制造困难,能在一定程度上磨炼他们的意志,对其健康成长具有重要的意义。

(四)自我控制法

在执行某项任务的过程中,经常会存在一些具有诱惑力的事物,受此吸引,人们会产生一些过激行为或做法。要想顺利地实现这项任务,人们就要学会控制自己的心理和行为,排除主客观因素的干扰,使自己的行动按照预定的方向进行,坚持到底。那种见异思迁、半途而废的行为,往往是意志不坚定的表现。幼儿的自我调控能力较差,他们的行为往往需要成人的指导和监督。因此,成人应该对幼儿的意志品质严格要求,鼓励孩子一心一意做某件事。例如,孩子看"小人书"时,要求他们从头至尾看完后再换另一本;孩子画一幅画时,务必请他们有始有终;孩子学洗自己的手绢时,绝对不准借口累或手疼而半途而废;扫地就要扫彻底,把桌子底下、凳子下也打扫得干干净净。长此下去,习惯成自然,"坚持"便也不再是什么困难的事了。不过,幼儿的意志行动固然需要成人的指导和监督,但最终还要实现自我控制的目的。因此,教师和家长应经常启发和训练孩子加强自我控制,使儿童逐渐学会摆脱对外部控制的依赖,形成一种内在的控制力。有相关研究表明,在儿童发展的早期,以言语调节控制行为是发展他们自制力的有效措施。在克服困难的过程中,让孩子不断以言语指导自己的行动,通常能获得比较好的效果。比如,当孩子感到很难开始行动时,可让他自己数"三",或自己给自己下命令:"大胆些!不要怕!""再坚持一下!""不要哭,勇敢些!"等。这种自我鼓励、自我命令以及自我禁止、自我暗示等都是意志锻炼的非常好的形式,值得提倡和推广。

除此之外,对儿童进行抗拒诱惑训练也能有效培养和提高其意志力。如在某项活动的中途有意出现带声响的新玩具,当幼儿的注意力被吸引,想丢下眼前的活动去玩时,老师即对幼儿的行为提出要求,教育幼儿每做一件事都要坚持到底,专心致志做完才能离开;当孩子想得到喜欢的糖果时,必须等待,如不等待,就得不到糖果。

(五)表扬激励法

表扬、鼓励可以鼓舞士气,提高信心,有利于意志的锻炼。对幼儿在活动中表现出来的意志努力和取得的点滴进步,老师和家长要适时、适度地给予肯定、表扬和奖励。由于幼儿年龄小,知识经验储备少,在接受意志力考验的过程中,遇到困难或挫折是难免的。当幼儿遇到困难和挫折时,来自教师、家长的鼓励至关重要。成人要鼓励其信心,启发他们思考,帮助他们分析原因,寻找解决问题的办法。在幼儿初次坚持克服困难的过程中,成人应给予适当的隐蔽性的帮助,使幼儿获得通过自己努力后得以成功的体验,以达到增强自信心和消除心理障碍的目的。一旦幼儿在他人的帮助和支持下鼓起勇气渡过了难关,意志力就会得到有效的锤炼。对于幼儿的挫折和失败,成人切不可流露失望或激怒情绪,更不能训斥责备。例如,当幼儿费了九牛二虎之力打扫了玩具橱,累得满头大汗,可是没把玩具摆放好,这时,成人应告诉幼儿能把玩具橱打扫干净,已非常难得,玩具分类摆放需要好好学习,相信将来会做到的。如果对幼儿做的不完善而表现出不满,幼儿就会因为未实现大人的期望而动摇信心,怀疑自己,甚至会产生"早知如此,不如不干"的想法。也切不可说:"我就知道你完不成任务","我早就说你没长进"之类的丧气话,否则,只会增加幼儿的挫折感,产生自卑心理,最终失去自信心。自信与意志力息息相关,自信乃是意志力的"精神基础",自卑者往往难有意志力。

(六)榜样法

培养和提高儿童的意志力还需要充分发挥榜样的作用。榜样具有一定的形象,对于年幼的儿童而言具有强大的示范作用。因此,在平时的教学活动中,教师要给儿童树立良好的榜样,为儿童营造良好的学习氛围。榜样可来自电影、电视、故事以及其他文艺作品中的优秀人物,也可来自幼儿周围现实生活中的典型,特别是班里的小伙伴,这样的榜样在幼儿身边,更具可信性、可学性。例如,老师在幼儿园的教学活动中,可以给儿童讲一些身残志坚的英雄人物的故事,教育儿童学习英雄坚强不屈的精神;可以组织幼儿参观军营,看解放军叔叔的艰苦训练;可以看民警叔叔顶风冒雨坚守岗位,指挥交通;可以观察环卫工人不怕苦累的工作情况。通过这些活动能深深地感染儿童,从而为培养和提高自己的意志力树立自信心,坚定信念。

在平时的生活中,老师和家长要为儿童做出良好的表率,以身作则、言传身教。因为成人的一举一动,都是孩子模仿和学习的榜样。如果成人自己都缺乏意志力,那么要求孩子有坚强的意志力基本上是一句空话。很难想象一个冬练时因怕冷而半途而废的父亲能带出一个不屈不挠练长跑的儿子。苏联教育家马卡连柯说:"不要认为只有你们同孩子谈话或教导、命令孩子的时候,才是教育孩子,在你们生活的每一瞬间,都在教育孩子。你们怎样穿衣服,怎样跟别人谈话,怎样笑,怎样读报……无形之中都影响着孩子。"幼儿模仿能力强,因此教师和家长要利用自身潜移默化的影响,培养幼儿的意志力。需要注意的是,对幼儿意志力的培养要遵循两个原则:一是适度原则。幼儿期儿童的身心尚处于发育阶段,意志力的发展同样受到身心条件的制约。也就是说,加强幼儿意志力的培养并不是没有限度的,既要重视幼儿意志的培养,又要注意适度原则。如果超越了幼儿的承受力,就会对幼儿的身心造成伤害;二是注意个别差异,因材施教原则。人的意志品质与气质类型、性格特征有着一定的关系,因此,老师和家长在培养幼儿意志力时,还应该充分考虑孩子的不同个性心理特点。例如,有的听话、服从,依赖性强,需着重培养独立性;有的胆小、腼腆,冷静有余,果断不足,需着重培养果断性;有的虽勇敢,但急躁、冒失而轻率,需着重培养自制力;有的虎头蛇尾、有始无终,缺乏恒心、毅力和韧性,需着重培养坚持性等。这就要求教师与家长要了解、分析幼儿的个性特点,有针对性地培养其意志力。

第六章 放松身心：学前儿童游戏心理教育

游戏对于学前儿童的身心发展起到独特的作用。游戏活动不仅会长期陪伴儿童的成长，还是不容忽视的教育手段。本章就游戏对学前儿童心理带来的影响和作用进行研究，以期为游戏活动在学前儿童教育中的良好应用奠定理论基础。

第一节 学前儿童游戏的内涵

一、儿童游戏的基本理论

(一)早期的游戏理论

19世纪和20世纪初国外较有影响的游戏理论主要有以下几种。霍尔的复演说，认为游戏是远古时代人类祖先的生活特征在儿童身上的重演，不同年龄的儿童以不同形式重演祖先的本能特征。席勒—斯宾塞的精力过剩说，把游戏看作儿童借以发泄体内过剩精力的一种方式。席勒的机能快乐说，强调游戏是儿童从行动中获得机体愉快的手段。格罗斯的生活准备说，把游戏看成是儿童对未来生活的无意识的准备，是一种本能的练习活动。拉扎鲁斯—帕特瑞克的娱乐放松说，认为游戏不是源于精力的过剩，而是来自放松的需要。博伊千介克的成熟说，认为游戏不是本能,而是一般欲望的表现。引起游戏的三种欲望是:排除环境障碍获得自由,发展个体主动性的欲望;适应环境,与环境一致的欲望;重复练习的欲望。游戏的特点与童年的情绪性、模仿性、易变性、幼稚性相近。由于有童年,才会有游戏。

(二)当代的游戏理论

1. 精神分析理论

弗洛伊德认为游戏也有潜意识成分,游戏是补偿现实生活中不能满足的愿望和克服创伤性事件的手段。游戏可使儿童逃脱现实的强制和约束,发泄在现实中不被接受的危险冲动,缓和心理紧张,发展自我力量以应付现实的环境。埃里克森则从新精神分析的角度解释游戏,认为游戏是情感和思想的一种健康的发泄方式。在游戏中,儿童可以"复活"他们的快乐经验,也能修复自己的精神创伤。这一理论已被应用于投射技术和心理治疗。

据此发展起来的游戏疗法是一种利用游戏的手段来矫正儿童心理和行为异常的方法,目前已经在特殊教育领域和帮助儿童克服情绪障碍方面发挥了重要作用。游戏疗法针对儿童不同的心理和行为问题设计出不同的游戏方案,通过比喻、象征、玩具和游戏等方式,使儿童自然地进行心理投射或升华,释放紧张情绪,并最终从伤痛及焦虑中解脱出来。

2. 认知动力说

皮亚杰认为游戏时儿童认识新的复杂客体和事件的方法,是巩固和扩大概念、技能的方法,是使思维和行动结合起来的方法。儿童在游戏时并不发展新的认知结构,而是努力使自己的经验适合于先前存在的结构,即同化。他还认为儿童认知发展的阶段性决定了儿童特定时期的游戏方式。在感知运动阶段,儿童通过身体动作和摆弄、操作具体物体来进行游戏,称为练习游戏。在前运算阶段,儿童发展了象征性功能(语词和表象),就可以进行象征性游戏,他能把眼前不存在的东西假想为存在的。以后,可以进行简单的有规则的游戏。真正的有规则游戏出现在具体运算阶段。

3. 学习理论

桑代克认为游戏也是一种学习行为,遵循效果律和练习律,受到社会文化和教育要求的影响。各种文化和亚文化对不同类型行为的重视和奖励,其差别将反映在生活于不同文化社会的儿童的游戏中。

上述游戏理论从各自不同的角度解释了游戏的实质和功能,对我们从不同侧面全面认识游戏现象有一定启示。

4. 我国学术界对游戏的认识

在我国学术界,游戏通常是指儿童运用一定的知识和语言,借助各种物品,通过身体运动和心智活动,反映并探索周围世界的一种活动。游戏是适合于幼儿特点的一种独特的活动形式,也是促进幼儿心理发展的一种最好的活动形式。

首先,游戏具有社会性,它是人的社会活动的一种初级模拟形式,反映了儿童周围的社会生活。儿童在与成人的交往中,渴望参与成人的一些活动,可是又受到身心发展水平的限制,游戏恰恰解决了这一矛盾。游戏作为儿童获得和表达其社会交往能力的情境,为儿童提供了社会性发展的机会,可以帮助儿童摆脱自我中心的倾向,学会更好地理解他人的想法和情感,而这正是儿童同情心、合作能力等社会能力发展的基础。其次,游戏是想象与现实生活的一种独特结合,它不是社会生活简单的翻版。儿童在游戏中既能利用假想情境自由地从事自己向往的各种活动(如过家家、打针等),又不受真实生活中许多条件的限制(如体力、技能、工具等);既可以充分展开想象的翅膀,又能真实再现和体验成人生活中的感受及人际关系,认识周围的各种事物。此外,游戏是儿童主动参与的、伴有愉悦体验的活动,它既不像劳动那样要求创造财富,又不像学习那样具有强制的义务性,因而深受儿童喜爱。

在游戏过程中,儿童既可以体验到开放、自由、宽松的心理环境,又可以发展适应生活和解决问题的能力。儿童在游戏中学习,在游戏中成长。通过各种游戏活动,幼儿不但练习各种基本动作,使运动器官得到很好的发展,而且认知和社会交往能力也能够更快、更好地发展起来。游戏还可帮助儿童学会表达和控制情绪,学会处理焦虑和内心冲突,对培养良好的个性品质同样有着重要的作用。

尽管有关游戏的论述很多,但是在对游戏本质特征的理解上却存在明显分歧,仍然没有形成一个被广泛接受的定义。有学者认为,本质上,游戏是儿童能动地驾驭活动对象的主体性活动,它现实直观地表现为儿童的主动性、独立性和创造性活动。

二、儿童游戏的心理结构

有人把游戏比作一团纱线,认为如若把线团解开,其结果也会使复杂的结构特征随之消失。这种观点形象地说明了游戏的整体性和复杂性,但并不意味着不能对游戏进行结构分析。就一般的心理结构而言,每个游戏几乎都具有认知和情感两种基本成分,其外部行为表现主要有语言和动作两种方式。

(一)儿童游戏的心理结构:认知、情感和社会化

儿童游戏的心理结构中,认知是重要因素。认知的基本成分是感知、记忆、想象、思维。其中,创造性想象是最活跃的成分之一。任何游戏均在假想的情境中创造性地反映现实或自我。无论是角色扮演还是结构造型或物品替代,均需要建立在一定程度的想象之上。创造性想象不仅构成了游戏兴趣的源泉,而且是创造性游戏的基本条件。

儿童游戏的心理结构中,动机和情绪是基本成分。其中,内

源性动机和愉快的情绪体验是最稳定的成分。动机或需要是游戏的心理动力。一个活动之所以成为游戏,关键是活动的动机源于儿童的内驱力,即内在需要,而不是外界强制所为。这种内源性的动机最为直接的表现就是儿童游戏兴趣中心指向游戏过程而非结果。这种直接的兴趣使得儿童在活动中极为投入,且获得一种愉快的情绪体验。这种积极的情绪体验反过来强化了游戏的动机。

情绪体验似乎是游戏过程的产物,其实,游戏过程中儿童情绪体验的性质往往决定了游戏过程的创造性、积极性和主动性。情绪体验对游戏活动具有双重影响:积极的成功体验有助于游戏过程的灵活性和主体性的发挥,而消极的挫折体验则可能破坏游戏的吸引力,不利于主体性的发挥和创造性的发展。

游戏是学前儿童的主要社会生活方式,直接构成了儿童心理发展的主要社会条件。学前儿童在游戏中开始初级社会化并且建立初步复杂的社会关系。在游戏中,儿童不仅获得一些粗浅的交往技能,更重要的是,通过游戏,儿童可以逐渐地解除自我中心,学会与他人合作,学会关心他人,认识并认同成人的社会角色。

(二)儿童游戏的行为表现方式:语言和动作

儿童游戏过程中使用的语言,不仅具有交流、组织及调节的作用,而且是角色扮演的表现手段。也就是说,游戏过程中的儿童语言具有两种形态:游戏语言和角色语言。游戏语言体现儿童对游戏的向往、追求和在游戏中体会的满足。角色语言取决于特定角色的规定性,不仅是表演过程中"人物造型"的需要,而且是角色体验及其外化的表征方式。在一定意义上,角色语言充分地展示了假想中的"自我"。

同时,游戏中的语言具有重要的调控作用。游戏的主体自由性和规则制约性是有机统一的。在许多情境下,规则是自由的保证。在游戏过程中,儿童使用语言调控游戏的内容、进程、相互关系,使游戏顺利进行并得到愉快的体验。

　　游戏过程的动作包括表情、手势及材料操作,也是情感交流、角色扮演或造型的基本表现方式。表情、手势和语言共同表现游戏情节及主题,而操作则是外部动作与内部思维、想象在材料使用上的综合表现。游戏材料的操作不仅反映了游戏的创造性和主体性,而且体现了游戏情境的激励功能。

三、我国常见的游戏分类

　　我们需要承认我国的幼教事业与国外幼教事业有着一定差距,这点在幼儿游戏的理论中也能表现出来,突出体现为游戏种类单一。为此,我国在借鉴和学习国外游戏理论的基础上,再结合我国幼儿的实际身心状况,逐渐确定了我国幼儿游戏的分类方法。

　　(一)创造性游戏

　　创造性游戏,是那些通过学前儿童所能采取的方式,主动地、创造性地反映周围现实生活的游戏。创造性游戏需要以儿童的想象力为核心,这是属于学前儿童的一种典型游戏。在创造性游戏中所反映出的学前儿童的现实生活并不真的是直接移植生活中的场景,而是还需要加入儿童在主观意愿下提出的主题、设置角色和构思内容。这样的游戏来源于生活,是儿童身边经常遇到的事情,在没有较大陌生感的情况下非常适合学前儿童想象力、创造力的开发。对于创造性游戏还可以细分出角色游戏、结构游戏和表演游戏三种,下面一一进行分析。

　　1. 角色游戏

　　角色游戏,顾名思义是以让儿童运用想象力,扮演某种角色,以创造性地反映个人生活印象的一种游戏。角色游戏一般都有一个主题,比如,医院、家庭、动物园等。这类游戏通常应选择那些与儿童互动较多的且内容健康阳光的主题。

对于学前儿童来说,角色游戏是最典型的游戏。这种游戏来源于生活,被儿童所熟悉,这就使他们进入角色非常快,游戏起来往往更得心应手。在角色游戏之中,想象活动可谓是游戏的支柱,而游戏的过程毋庸置疑就是儿童的一个创造性想象的过程。在游戏中,儿童可以自由发挥想象力和创造力,参与游戏并创造游戏,游戏的自由度极高,情节也就会更加新颖。

2. 结构游戏

结构游戏,也被称为"建构游戏",这是一种由学前儿童利用各种结构材料和各种相关的动作来反映周围生活的游戏形式。结构游戏的核心在于由儿童积极思考和动手,以此来创造现实生活中人们的建筑劳动、建筑物以及各种物品。正是由于这类游戏需要"动手",如此就更能体现出儿童对客观生活的主观想象和积极的加工创造,使得经由他们所创造出的生活场景活灵活现,或是有超出现实生活的内容。

结构游戏是一项非常容易激发儿童想象力、增加智慧的活动。如果能把爱祖国、爱社会、爱家庭等理念融入游戏之中,不仅能提升儿童的智商与情商,培养起他们热爱祖国、热爱家乡、热爱劳动的思想,还能陶冶情操,并逐渐形成认真负责、坚持、耐心、克服困难、相互协作、团结友爱的良好品质,更能为传播社会主义核心价值观建设一个有效的渠道。为了更好地参与这类游戏,儿童需要学习一些关于空间、构造方面的知识,以及了解各种建筑材料的性质,这样有助于他们增强对数量和图形的认识,在塑造美观且坚固的物体的同时,也促进了自身审美能力的发展。

3. 表演游戏

表演游戏,是指学前儿童通过扮演某一文艺作品中的角色,运用一定的表演技能,创造性地表现和再现文学作品的一种游戏形式。大多数学前儿童对于表演类游戏非常热衷,而且每个儿童几乎都有自己特别乐于表演的内容。学前儿童表演游戏的内容通常是他们较为熟悉的童话故事中的角色或情节。这些都是表演游戏能够成为学前儿童重要游戏类型的原因，更重要的是，这种以表演作为主要形式的游戏能够让参与其中的儿童按照自己的方式进行表演，由此也容易让人们通过儿童的表演来看到他们的思维和对表演内容的理解。

在幼儿园中开展的表演游戏一般有作品表演游戏和创作表演游戏两个类型。

作品表演游戏表演的主要内容是教学教材中出现的片段，或是儿童相对熟悉的文艺作品。儿童参与这类游戏需要在表演游戏中思考并完全理解表演内容主题和表演细节，并且表演中所需用的场景布置和道具也是由儿童们共同参与，协作完成，无形之中这也是对他们人际交流和顺畅合作能力的培养。

创作表演游戏的开展是依赖儿童已有的经验和丰富想象力创造未曾出现过的作品的表演游戏。儿童在创作表演游戏中可以最大化地调动思维创造剧情和台词，体会一些积极的情感，了解生活中蕴含的道理，这对于他们逐渐养成良好的品质和习惯有很大帮助。所以说，创作表演游戏是儿童非常理想的表现自我的平台。

（二）规则性游戏

规则性游戏是由至少两名或两名参与者以上的游戏者参加的带有一定规则的游戏。规则性游戏具有规则性和竞赛性等特点，在众多形式的儿童游戏中属于级别较高的游戏形式。具体来说就是，最初儿童乐于参与的游戏是那些规则较少的，以模仿和追逐为主的游戏。这种游戏在参与过后获得的仅限于某种感官刺激带来的愉悦感，但随着儿童的成长，仅仅如此的游戏就变得不再能满足他们的游戏所需，即出现了更高的游戏需求，此时，带有规则性的游戏就成了他们更加热衷的形式。不过为了玩好这类带有诸多规则的游戏，儿童就必须要认真了解规则和遵守规则，这些规则也直接决定了游戏的过程和结果。

目前，最为常见的规则性游戏有智力游戏、体育游戏和音乐游戏三个类型。

1. 智力游戏

智力游戏的种类很多,其突出的特点为在游戏中总是会设计有一定的智力任务,参与游戏的儿童也要通过思考,在规则之内完成任务。好的智力游戏往往能与平时的学习内容相结合,让学前儿童在愉快的游戏中学习或巩固学习的知识,达到寓教于乐的效果。

2. 体育游戏

体育游戏是以一些基本动作为主要构成的且在一定规则下开展的游戏。体育游戏与其他形式的游戏的最根本区别在于它融入了更多的对儿童身体锻炼方面的内容,如此能实现更好地培养儿童体育运动行为和意识的目标。体育游戏可以满足学前儿童身体发育的需要,游戏中要尽量安排走、跑、跳、投、爬等全面的基本身体动作,这是培养儿童对空间、速度、高低等认识的重要方式,在体育游戏中儿童也能更加释放自我的天性。体育游戏的规则相对其他游戏来说更多一些,这是保证游戏有序和顺利开展的基础内容。通过参加体育游戏,可以让儿童养成遵守规则的意识,做到对自己的言行有能力予以控制,而且体育游戏中会包含胜负的元素,如此也是一种引导儿童建立正确胜负观和培养他们意志品质的好方式。在设计体育游戏时,教师要特别注意遵循学前儿童的身心发展规律,力求设计出的游戏能满足儿童的兴趣并有能力完成。

3. 音乐游戏

音乐游戏是一种需要在歌曲或伴奏条件下开展的游戏形式。音乐之于音乐游戏是非常重要的元素,其成为该类游戏重要的载体,而让游戏成为学习的手段。在音乐游戏中,儿童的游戏动作要与音乐相适应,即符合音乐的风格、节拍等。音乐性是游戏教学最突出的特征,学前儿童一边做游戏一边感受音乐,随着不同风格的音乐调整自己在游戏中的角色和反应。音乐贯穿在游戏全过程中,如此也使儿童在潜移默化中获得了音乐教育。

四、学前儿童游戏的基本特征

学前儿童开展和参与的游戏有着非常明显的特征,其中许多特征与青少年游戏有较大不同,下面具体对此进行分析。

(一)学前儿童的游戏是"兴趣主义"的活动

对于学前儿童来说,他们热衷游戏的关键就在于兴趣。这个兴趣既是一种积极探究事物的认知倾向,又是一种由于强烈的乐趣吸引而产生的趋动倾向。学前儿童之所以对于游戏活动普遍喜爱,还是由儿童本身的身心发展特点决定的。一方面,学前儿童高级神经活动过程的特点是兴奋强于抑制,为此,他们可以通过不同区域的兴奋来转移疲劳感。对他们来说,要保持活动的抑制意味着必须付出更大的努力,这就是学前儿童往往看起来都是活泼好动的,喜欢变化多样的游戏且能在游戏中迁移游戏行为的原因。另一方面,学前儿童大脑皮质不成熟,情绪活动更多受小脑控制,由此就使学前儿童受皮质活动支配的自制力较低,其中也包括他们对自身情绪的控制。因此,学前儿童的活动和行为更多会受到兴趣的支配,兴趣催生了他们的动机。

(二)学前儿童的游戏是自发性的自主活动

学前儿童的游戏都是他们主动参与意愿非常强烈的活动。这种自发性对于学前儿童来说的重要性在于这是他们少有的得以自我掌握、自由自主的所参与的活动,其重要含义有三:第一,是由情感冲动引起的,即儿童的游戏参与意愿是非常主动的,甚至是期待的;第二,需要与本能是相互联系的,游戏活动是儿童所需要的,包括儿童的心理需要和游戏不受外部因素的支配两点;

第三,游戏过程绝对自控,即儿童的游戏不会服从来自外部的要求与压力。这就使得儿童总能在游戏中依照自己的意愿和兴趣选择游戏的内容、方式以及同伴,任何不满足这点的游戏都不能称作是儿童游戏。只有做到这些,展现给人们的才是真正的可以了解学前儿童真实发展水平和其兴趣、爱好所在的游戏。

(三)学前儿童的游戏是重过程的自娱活动

学前儿童参与一种游戏的目的在于从游戏中获得快乐。因此,他们更注重的是玩儿什么游戏以及如何玩儿,游戏过程是他们看中的。判定一项活动是不是属于游戏的范畴,就要看作为游戏参与者的儿童能否从中体会到好的身心体验,能否满足自身对游戏的需求。从这个角度上看,学前儿童的游戏是一项有目的的活动。

学前儿童游戏活动中目标的设定完全是由儿童自己决定的,不会受到他人的干扰。这是他们在游戏中获得良好体验的基础,正因这一特性使得一些儿童在进行游戏时会做出更多的随意性行为,这使得游戏目标也会随游戏的迁移而发生改变。游戏本身总是有一些硬性规则的,但却没有硬性目标,更没有逼迫性的任务,所以这也就使得学前儿童更加专注游戏本身带来的趣味。

儿童游戏确实应该对过程更加看重,结果并不是那么重要,但即便如此也不能否认游戏的教育目标,而是强调实际存在的目标是通过孩子的自由努力达到的。儿童的年龄越大,他们往往更容易对游戏规则和结果有正确的认识。例如,在猜拳游戏中,3岁左右的孩子通常不理解猜拳胜负的关系,他们对这个游戏的兴趣在于猜拳是双方比划出的动作;而对于8岁左右的儿童来说他们就更在乎猜拳的胜负,甚至会尝试用一些小技巧赢得游戏,为此,甚至孩子们为了维持游戏的公平性还会临时制定一些规则来约束"不端行为"。由此也就不难发现,年龄较大的儿童在游戏中不仅开始追求结果,而且更关注排除游戏外因素所诱导的游戏结果。

在这样的基础上,基本可以总结出学前儿童的游戏过程与结果的发展规律,即只重过程→重过程轻结果→过程与结果并重。

五、游戏对学前儿童心理发展的重要作用

在儿童的学前时期,游戏是非常重要的教学活动和娱乐活动形式。游戏在带给儿童欢乐体验的同时,还充当着培育儿童健康人格的任务,进而使得游戏给学前儿童的心理发展带来了不容忽视的作用。

(一)适应学前儿童心理发展的需要

学前儿童对身边事物的兴趣的萌生会随着动作、语言、思维等能力的提升而加强。其中有些儿童甚至开始憧憬参与成人的社会活动,不过实际上他们离真的有能力参与成人活动的标准还有较大差距,这就形成了儿童在参与成人活动上的心理需要与他们的实际能力之间的矛盾。游戏恰好是解决这一矛盾的好方法,原因在于游戏中的许多场景设置都是日常生活中经常遇到的,当然也包括成人间的社会活动。而在游戏中,儿童可以用虚构的物品、动作、语言、情节等去代替实际的社会活动,这正好满足了他们的这种需要,可谓是"过了一把成人的瘾"。在游戏中,他们一般能在设定的情境中非常投入地从事自己所向往的各种活动,而且还往往非常入戏。他们能用自己一系列独特的方式、方法,比较容易地克服真实活动中许多条件的限制,从而较好地解决实际能力与心理需求之间的矛盾。从这个效果来看,游戏无疑很好地满足了儿童心理发展的需要以及促进了他们的心理发展。

(二)发展学前儿童的智能

一个好的游戏是可以让学前儿童在游戏过程中有所收获的,其中当然包含对他们智能上的提升。游戏的形式多样,在游戏中,学前儿童要不断地移动、观察、触摸、聆听。种种这些感官刺

激都有助于培养他们的观察力、注意力、记忆力和判断力。幼儿时期幼儿所参加的一些游戏会经常组织,在反反复复的游戏中,就可以加深他们对某项知识的认定和理解,这不但是对他们记忆的一种巩固,还是培养他们有意注意这种高级注意形式的手段之一。

有些游戏需要儿童开动脑筋和考验他们的动手能力,如堆积木、绘画、拼图、手工制作等。为了完成好游戏中的这些任务,学前儿童就必须积极思考,尝试发散思维,如创造性地完成自己的想法。还有如在那些表演游戏中,儿童也要思考角色特点和表演方法,让自己的表演活灵活现,演什么像什么。再加上一些游戏的情节、行动方式等并没有固定的套路,如此就可以完全发散儿童思维,为他们的想象拓宽了空间。许多有针对的研究也表明了象征性游戏对提高学前儿童发散性思维的作用是显而易见的。

我国的幼儿游戏大多都是协作性质的,这就决定了这些游戏的开展都需要两名或两名以上儿童参与。游戏过程中,几个儿童务必需要通过沟通和交流达到彼此协作的目的,或是商量游戏的进展,间接就使语言能力和人际交流能力获得了提升。也正因如此,使得更多家长乐于送孩子去一些早教机构,其所期待的也许并不是一定能学到什么知识,而是能让自己的孩子和其他儿童多多交流,适应与人沟通的场景。

游戏实际上也给儿童带来了更多的探索世界的机会。例如,一个儿童获得了一个新的玩具或道具,通过思考,他也许能从一个新的角度开发玩具的玩法,或是某种道具在游戏中的使用方法。这些经验对于儿童认识环境、解决问题都是有帮助的。而在游戏中,儿童还可以获得更多概念上的认识,如更明确干燥或湿润、高与低、方形与圆形等概念等。这些无疑都是有助于儿童智能发展的。

(三)平衡学前儿童的情绪

游戏对于儿童来说是一种平衡情绪的方式。在日常生活中,儿童实际上也会遇到很多不开心的、困扰的事情，而限于某种条件之下，一些情绪又不能表达。而在游戏中，儿童享有充分的自由，没有任何来自外界的压力和强迫，游戏中的玩具、语言、动作、情节等，也都是他们自由选择的。在这样轻松舒适的环境下，儿童的一些心理情绪是可以表达出来的，他们在游戏中可以无拘无束地玩，尽情地表达个人的感受和情绪，使积极的情绪、情感得到巩固和深化，而消极的情绪、情感也能及时得到疏导，如此自然能够培养儿童的健康心理及完善人格。

(四)发展学前儿童的美感

美的教育就是美育，这种教育是从小就要开展的。非常理想的是，游戏也是一种能够对学前儿童进行美育的方法，其主要体现在儿童要想在游戏中比较好地反映自然和社会生活中的美好事物，就需要以文学、音乐、绘画等手段来制造工具或场景，如装饰环境、制作道具、设计服装、表演内容等。这些活动都可以在潜移默化中建立起儿童对美的感受，以及提升他们创造美的能力。

(五)发展学前儿童的社会性行为

社会性行为依赖于社会成员的自我认识、认识别人、与人建立关系等能力。在游戏中，学前儿童可以接触到其他儿童，而且需要通过彼此交流来共同完成游戏，这个过程实际上也是通过别人对自己的一个客观认识。不仅如此，自己在与他人相处中也要学会团结协作，照顾他人感受，分享快乐，并且学会分工和适应群体生活。在规则性较强的游戏中，儿童还能体验到公正、自律、诚实等道德行为和态度，这对于他们以后的社会行为的塑造都会起到重要作用。

六、对学前儿童游戏认识的误区

实践早已证明，游戏是学前儿童学习和认知不可或缺的重要环节,但因受制于我国传统"头悬梁,锥刺股""业精于勤,荒于嬉"等苦学文化,现代社会中仍旧有不少人对儿童游戏的开展缺乏认识,认为游戏只是一种可有可无的放松方式,宜少不宜多,存在"重学轻玩"的思想。对学前儿童游戏有认识误区的主要有下面三个群体。

(一)家长认识上的误区

现代社会确实是一个竞争激烈的社会,而且面对我国的应试教育现状,不得不对儿童的学习生涯尽早规划,如报各种兴趣班和补习班,尽管这些学习课程并非儿童乐意接受的,而且更加不会在意是否侵占了孩子每天应有的游戏时间,使得儿童从小就背负上了沉重的学习负担。就算是家长询问幼儿园教师自己孩子一天的情况也是脱口而出"今天学了什么知识",而鲜有人问"今天玩儿的开心吗"。

(二)教育工作者认识上的偏差

教育的根本目的在于培养全面型人才。但我国长期以来在传统思想的影响及学业指挥棒的指导下,更多以发展智力为主的内容开始向幼教机构渗透,这在无形之中给了学前教育工作者以压力,并让他们的教学理念开始逐步偏离过往。为此,他们便不得不舍弃以往的幼教经验,开始以教室为主要教学场所,以教科书为教学素材开展起了小学才开始的教学模式。在这种情况下,儿童在幼儿机构中的游戏时间被压缩,回家后还有课后作业挤占了业余时间。

(三)教育行政部门领导重视不够

亲身参与幼儿教育一线的是幼儿教师,他们最懂得幼儿在各方面的需求。然而,对于各级教育行政部门的领导来说,他们对儿童权利、游戏对儿童的重要作用等并不完全有着清楚的认识,如此自然难以提高他们对保障儿童游戏时间和质量的重视,尽管确实有一些法规或政策被制定出来,但实际上却没有得到有效落实。再加上对儿童游戏权利保护的宣传也不够,或认为没有必要,就此也没有引起较大的社会层面的思考和关注。

第二节 学前儿童游戏的发展

以不同标准进行划分,可以将学前儿童的游戏分为不同的发展阶段。

一、依据社会性发展划分的游戏阶段

学前儿童心理发展中包含有一个重要的方面,即社会性方面。为此,美国心理学家帕登从儿童社会交往行为程度的角度将儿童的游戏分为偶然行为、旁观者、单独游戏、平行游戏、联合游戏和合作游戏六种类型。通过分析认为,前两种游戏只是与游戏有间接联系,并不真正算是有意的游戏行为,所以基于儿童社会性发展划分的游戏阶段主要从第三个阶段(单独游戏)开始分析。

(一)独自游戏阶段

独自游戏,顾名思义就是幼儿在游戏中并不与其他幼儿产生联系,只是自己玩自己的。学步阶段的婴幼儿所参与的游戏就属于这个类型。这当然与婴幼儿的认知水平有关,表现为此时的婴幼儿只是以自我为中心,不太关注周边的其他人,甚至身边有其他同龄幼儿在,在玩耍时也几乎不与他人一同进行,过程中也不关心其他人的玩耍。可以说,独自游戏阶段中的游戏并不具有社会性特征。

(二)平行游戏阶段

平行游戏阶段是独自游戏阶段的下一个发展阶段。然而在

平行游戏阶段中幼儿进行的游戏看似是一起在玩儿的,但实际上幼儿们还是各自玩各自的,相互之间基本没有交流。3岁左右的儿童参与的游戏往往就处于平行游戏阶段之中。与独自游戏阶段不同的是,尽管彼此间还是各玩各的,但幼儿已经能明显意识到周边还有其他幼儿在玩,甚至还会观察对方是如何玩的,乃至对其的玩耍行为进行模仿,但即便如此,他们依旧不会去做任何形式的交流,也不会去改变对方的玩耍行为。幼儿之间的玩伴关系往往就是在这个时期建立的,方式即为几个幼儿经常在一起玩耍。

(三)联合游戏阶段

联合游戏是指幼儿和同伴不仅能一起游戏,还能谈论共同的活动,但分工并没有出现,游戏也没有围绕一个目标,各人根据自己的愿望进行游戏。4岁左右的幼儿的游戏就进入到了联合游戏阶段。这个时期的游戏,幼儿之间能够关注到其他幼儿的活动,彼此之间也出现了交谈和借玩具,或是申请加入到对方的游戏中。在与同伴的游戏中,他们会交谈涉及相同的活动,但仍旧不会建立起共同的游戏目标。游戏中没有哪个幼儿会充当组织者,彼此间的分工也是非常模糊的,每个孩子都会根据自己的愿望来做游戏。这一阶段中的幼儿开始对其他幼儿的游戏方法产生兴趣,也是在这个阶段,游戏中的社会交往行为开始出现。

(四)合作游戏阶段

在以社会性作为依据对游戏发展阶段进行的划分中,合作游戏阶段是最后一个阶段。当幼儿在前一个阶段的游戏中学习到了一些与人沟通的社会技巧后,合作游戏就出现了。合作游戏阶段的出现往往要等到幼儿5岁之后,此阶段中的儿童语言能力有了长足进步,同时也有了一定的社会交往能力。如此使得他们在游戏中得以商讨共同的目的及达到目的的方法,游戏中也出现了组织者,每个幼儿都有了自己的游戏分工,可谓是有"头"有"兵"。

在合作游戏阶段,儿童在游戏中可以进行较长时间的合作,如此就使得游戏的内容可以更为多样,主题也更为稳定。

二、依据幼儿认知能力发展划分的游戏阶段

儿童的认知发展是其众多身心发展中的一个重要维度。皮亚杰在对儿童认知发展进行研究后,将儿童的游戏划分为练习性、象征性、建构和规则四个游戏阶段。

(一)练习性游戏阶段(0—2岁)

练习性游戏,是幼儿由某种重复活动获得愉快体验后而反复进行的游戏。这种游戏在婴幼儿4—6个月中出现,此后还会延续至其婴儿期、学前时期。这种游戏的愉快来源为婴幼儿的感觉或运动器官在使用过程中感受到的快感,如摸、拿、抓等动作。对于这个年龄的孩子来说,这是非常重要的感知动作训练。比如,婴幼儿拿着拨浪鼓制造声音、将玩具汽车按在地上用力前后滚动等。由于还不能使用语言,此时他们的认知活动都是通过感知和动作来完成,所以这也就使得这一阶段中他们所热衷的游戏往往是那些没有任何象征性的、简单重复的游戏方法。

练习性游戏在1—2.5岁年龄段的孩子中最为常见,他们近一半的游戏时间都在进行这种游戏。此后随着年龄的增长,这种类型的游戏占比逐渐降低,到6—7岁时,这种游戏方式只占全部游戏时间的1/6左右。

(二)象征性游戏阶段(2—5岁)

当幼儿到1岁半左右时,开始逐渐依靠象征性思维看事物,就游戏来说已经能开展一些想象类的游戏。象征性游戏在学前时期会达到高峰,这一时期内幼儿的象征性游戏表现为运用替代物,以假想的情景和行动方式将现实生活和自己的愿望反映出来。象征性游戏中替代物的变化体现了幼儿游戏中抽象性与概

括性的发展,其表现的一些显著特点如下。

学前早期,孩子使用的替代物与实物差别不太大。此时的游戏需要更多依赖与实物相近的专用替代物,如用玩具娃娃代替真人娃娃、用玩具汽车代替汽车等。

学前中期,孩子使用的替代物与实物相似性降低。此时儿童可以选择的替代物通用性增大,有时甚至可以一物多用,如用一根小木棍来代替筷子、球杆、注射器、铅笔等。孩子的年龄越大,其所使用替代物的通用性也就越大。

学前后期,孩子使用的替代物与实物开始脱离,或是可以完全凭想象、语言、动作来代替实物。例如,可以在没有实物的情况下模拟出使用实物的动作,或用嘴发出"滴滴"声来模仿汽笛声等。

(三)建构游戏阶段(5—7岁)

建构游戏是在练习性游戏衰退以及象征性游戏减少后开始出现的。建构游戏综合了前两种游戏的因素,进而逐渐成为儿童最主要的游戏形式。对于那些年龄稍小的学前儿童,他们所做的建构游戏以反映具体事物为主,如堆高高、乐高主题积木等。而对于年龄稍大的儿童则在游戏中会加入更多抽象的事物,或是建造一个事物,而场景便由之前较为简单的小车、小房子变成了公园、医院、体育场、城堡等。

调查证明,建构游戏是学前儿童最普遍的游戏形式,特别是对于学前的大班孩子来说,这类游戏占所有游戏活动的51%。

(四)规则游戏阶段(7—12岁)

规则游戏就是具有明确规则且游戏者必须遵守规则进行游戏的活动。规则性游戏往往带有了一定的竞争性和胜负观,这类游戏的出现标志着学前儿童过往的那种偏重于实体的游戏变得更加抽象化。当然,之所以这类游戏得以出现并被儿童接受,也在于儿童的语言能力及抽象思维能力的发展有了大幅度提升,由此,他们开始能换位思考,利用别人的观点去校正自己的观点,这些使得他们共同遵守规则成为可能。实际上,儿童对于规则的理解也正是从这个阶段的游戏中获得的,并且能够有意识地控制自己的行为来遵守规则,也正是从这个阶段开始,日后他们所青睐的游戏多是这种形式。

三、依据游戏行为的内在关系划分的游戏阶段

从游戏行为的内在关系这个角度来看,儿童游戏一般可以分为如下五个阶段。

(一)未分化型游戏阶段

未分化型游戏是最为原始的游戏类型。这种游戏类型出现在幼儿1岁左右,具体表现为他们会每隔2—3分钟出现一种不同的动作,动作之间没有什么关联性和逻辑性,如摆动小玩具、在床上翻滚等。当他们再大一些后,这种游戏的方式就会消失。

(二)累积型游戏阶段

累积型游戏是把一些片段性的游戏活动连接起来的游戏类型。比如,把"看画册""随意画画""堆积木""玩娃娃"等活动连接起来,每种活动持续约10分钟,1小时内能表现出4—9种游戏活动,不过这些活动之间却没有什么内在联系。这种游戏形式在幼儿两三岁时较为多见,以至于在稍大一些的孩子中仍旧会存在。

(三)连续型游戏阶段

连续型游戏是对同一类型的游戏持续玩超过1小时的游戏类型。具体而言,它是在一个游戏之后接续一种与前一个游戏内容无关的游戏,或是插入其他的游戏,即在一种游戏形式下进行各种游戏活动,但没有稳定的主题,也并不完整。比如,孩子在"模拟医院"的游戏中,其本来的角色人物是给病人看病,但其间却插入了摆弄医疗器械、洗手、玩瓶子等活动,然后又回到"本职

工作"上来,其间插入的那些活动并不是孩子有意设计的。这类游戏阶段在 2—4 岁的孩子中较为多见。

(四)分节型游戏阶段

分节型游戏是一种把完整的游戏分成两次或三次来完成的游戏类型。比如,幼儿在玩堆积木游戏,但玩着玩着就会感到腻,然后转而去画画了,而当画画画腻后,又回去堆积木了。如此出现的结果就是,本来一次能堆好的积木或画完的画,要分为两次或三次才能完成。这种游戏阶段在 4—6 岁的孩子中较为多见。

(五)统一型游戏阶段

将分节型游戏的时间延长到 1 小时左右就是统一型游戏。统一型游戏与连续型游戏的区别在于,统一型游戏的整个游戏有统一的主题,其间的内容彼此是关联的,游戏的方法也基本一致。这种游戏阶段在 6 岁以上的儿童中较为多见。

总的来说,儿童游戏的发展本就要有一个经历不同阶段的过程。这几个阶段中后面的阶段对前面的阶段是一种包容的关系,前一阶段对后一阶段起到一个基础和促进作用。儿童游戏的发展与儿童生理、心理的发展几乎是同步的,两者相辅相成、相互促进。

第三节 学前儿童游戏的疗法

一、游戏中常见的幼儿心理健康问题

(一)集体中霸道的幼儿

小明是个 5 岁男孩儿,他精力旺盛,非常爱参与各种游戏活动。但在活动中他总是爱霸占玩具,甚至手中有很多玩具之后还是想要其他小朋友的玩具,为此经常会和其他小朋友争执甚至动

手争抢。由此,游戏往往由于他的加入而不欢而散,反过来,小明自己也感到很无趣。

攻击性行为是一种常见的幼儿心理现象,其是个体社会性发展所表现出的众多方面中的一种。对于幼儿来说,心理的攻击性发展状况会对其人格和品德的发展产生重要影响。不仅如此,这还是个体社会化成败的一个重要指标。虽然社会中的个体心理中都存在或多或少的攻击性心理,但就现代社会文明的发展要求来说,无疑都是要对成员之间的攻击性行为采取控制,攻击性行为是与社会文明规范背道而驰的。

美国心理学家 D.F. 海和 H.S. 罗斯(1982)曾设计了一个实验来研究幼儿早期的社会性相互作用与攻击行为发展之间的关系。实验是对 24 对年龄为 21 个月的婴儿的冲突行为进行观察。观察结果显示,有近 87% 的幼儿参加过一次冲突,这些冲突中有 79% 是在没有成人干预的情况下自动终止的。冲突的根源基本都是与物品的所有权有关。研究还显示,小班幼儿的冲突主要为工具攻击,中班幼儿则是工具性和敌意性攻击同时存在,大班幼儿则是以敌意性攻击为主。在众多导致冲突的攻击性心理中,多为幼儿对他人的意图归因有误有关,即总是将对方的意图归因到对自己不利的一方,这是幼儿攻击性行为发生的常见原因。就性别来说,男孩的攻击方式主要为肢体上的实际攻击,而女孩的主要攻击方式为言语攻击,较少有肢体上的直接冲突。鉴于此,就要求幼儿教育者更多注重对幼儿进行理解他人意图的教育,培养幼儿的利他、分享等意识。

(二)集体中尴尬的幼儿

小红是个非常乖巧的女孩,这点让老师和家长都非常称赞。不过,小红却不喜欢参加小朋友们的集体游戏,以致在大家游戏时她总是自己躲在角落里,尽管老师一直努力让她融入大家的游戏之中,但她却对游戏的态度并没有多大改变。此后,老师在班中组织一个《小花猫过河》的主题游戏,其他小朋友都开始忙活起来准备游戏,有的要求扮演小花猫,有的要求扮演小山羊,还有的要求扮演河边的游客,只有小红一言不发,老师问小红:"你想演什么角色呢?"小红却说:"我不知道。"

幼儿的性格千差万别,有的幼儿非常喜欢参加集体游戏,有些则对这类活动兴趣不大。材料中描述的小红实际上并非是不想参加集体活动,而是无法确定自己在集体活动中的角色。这类幼儿的创造力往往较低,也不善于和其他幼儿交流,也就是人们常说的"杵"。也有些幼儿不愿参加集体活动的原因是曾有被其他幼儿排除在集体活动之外的经历,这对他们的心理造成了一定的影响,以至于此后都对这类活动感到无所适从。

由上面两个事例总结来看,每个人的社会化过程都是从幼儿时期开始的,通过社会交往可以使幼儿了解和认识人与人之间、人与社会之间的关系,这对他们今后的成长都具有重要的意义,所以理应对幼儿的社交能力给予关注。教师在日常开展教学的过程中经常能看到上述事例中的两类幼儿,当然除此之外还有其他表现出众多心理特征的幼儿。可以发现的是,有的幼儿不愿意参加集体游戏,有的在游戏中的表现较为霸道,还有的幼儿不知道如何游戏。研究认定,那些爱玩、会玩游戏的孩子更容易获得愉快的情绪体验,与此同时他们的想象力更加丰富,更乐意与人交流。而那些不爱参加游戏活动的孩子更容易在日后出现一些心理或人际上的问题。

二、通过游戏对幼儿的心理健康进行评估

在对幼儿开展的各种游戏中,特别是自主成分较高的游戏,是可以充分表现幼儿内心情感的活动。从游戏中反映出的幼儿内心中的情感是最真实、最细致的,这对幼儿进行心理健康情况评估工作是非常有利的依据。为此,教师就应该在游戏进行时注意观察幼儿在游戏中的表现,并注意收集和整理。下面就介绍几种主要的以游戏为主要形式对幼儿心理健康进行评估的方法。

(一)观察

观察法不仅是对幼儿在游戏中表现的一种获取方法,同时在其他学科的学习和研究活动中也是最为基础和普遍应用的方法。幼儿的言行在日常活动中有着最多的体现,此时他们反映出的内心状况最直接、最本真,而且易于被观察到。如此就使得观察法成了对幼儿游戏中的一系列问题进行诊断的常用方法。对幼儿游戏的观察可以根据幼儿游戏种类的不同而采取不同的方法,具体如下。

1. 幼儿游戏类型的观察

美国著名心理学家帕顿在对幼儿游戏进行研究时将其分为六个发展水平。鉴于此,教师对幼儿的游戏类型进行评判就可以以这六个游戏水平的操作为依据,以此作为判断幼儿在游戏中的社会性发展水平。例如,对于幼儿来说,在开展游戏时总会有些幼儿置身游戏之外作为旁观者,还有些儿童乐于独自游戏,不愿与其他人共同游戏。通过观察到的这一现象,可知对于幼儿来说,如果单独游戏或不参与游戏的时间过长,那么这种行为显然是不利于他的心理发展的,久而久之就会表现出与他人合作性差的问题。而在幼儿出现不共同游戏的时候,就应当引起教师的重视。下表是幼儿游戏类型观察记录表(表 6-1)(杨丽珠、吴文菊,1995),通过此表,教师可以对幼儿的游戏类型进行详尽记录,以便对幼儿的社会性发展水平做出评估。

表 6-1 幼儿游戏类型观察记录表

游戏类别 被试	偶然	旁观	单独	平行	联合	合作

有一点需要注意的是,当通过游戏的形式对幼儿的社会性发展水平进行评估时,除了要关注幼儿本身的身心特点外,还要考

虑到幼儿的年龄差异与所处地区的社会各方面差异等。我国学者杨丽珠等对中国和美国学前儿童的游戏类型进行了跨文化比较研究。研究发现,美国幼儿游戏中个体为主的游戏种类和开展比例大于我国,而我国合作类的游戏和开展频率多于美国。很显然,这和中美两国的文化及价值观有很大关系,美国社会崇尚个人英雄主义的价值观在幼儿游戏当中就已经有了很大的渗透,而对于我国来说则更看重团队协作的力量,体现在幼儿游戏上也就带有更多的集体游戏色彩。

2. 幼儿象征性游戏的观察

在幼儿游戏中,象征性游戏占有主导地位,因此对这类幼儿游戏进行观察可以获得更有价值的观察结果。对幼儿象征性游戏进行观察的第一步就是要了解此类游戏特征和发展状况,据此再去观察幼儿的游戏行为,进而评估幼儿的各方面发展水平。教师在观察中要注意观察一些重要的点,如幼儿经常喜爱扮演什么样的角色、喜爱使用哪种道具、幼儿的想象力如何、情感反馈如何以及其与其他同伴的关系如何等。即便在游戏中出现了争执事件,教师也应予以记录,这也是值得分析的心理现象。下面列举一个对幼儿"娃娃家"游戏进行观察的记录表(表 6-2)(周兢、王坚红,1990)。

表 6-2 "娃娃家"游戏观察记录表

观察时间:	观察日期:	
开始时间:	结束时间:	
被观察幼儿姓名:	年龄:	性别:
行为类型	客观描述	判断、评价与解释
象征性地运用玩具		
模仿角色		
动作与情景替代		
社会交往		
言语交流		
情绪表达		

这里有一点需要强调的是,在对幼儿游戏状况做观察记录时的记录语言要忠于幼儿的原话,而不要对语言进行加工后再记录,这样可以更加直接地观察到幼儿的表现。为了做到这点,可在游戏进行中使用一些电子记录设备,如录音笔、摄像机等。

(二)游戏引导

1. 教师自己创设游戏活动

当幼儿教师无法走进幼儿的内心世界时,可以自己设计一个能够吸引小朋友眼球的游戏,让他们在游戏中不知不觉地显示出自己内心的想法,表露其内心的问题。当然,教师自己创设游戏活动要经过专业的培训,不能盲目创设,那样只会得到适得其反的效果。下面是一个幼儿教师自己创设游戏活动的例子。

通过一段时间的观察,金老师发现班级里的孩子在游戏中暴露出一些问题,如班里的冰冰,平时很机灵活泼,但是在游戏分组的时候,小朋友们都不喜欢选择和她一组;班里的庆庆,常常在游戏中途和小朋友发生分歧而被小朋友们"开除"出队列。针对这些问题,金老师决定设计一个玩偶游戏,每一个玩偶代表一个小朋友,让另一个"小动物"来选择自己喜欢的玩偶,并说出自己选择游戏伙伴的理由。

2. 运用专业的游戏手段

幼儿教师可以采用比较专业的游戏疗法来发现幼儿的内心情感,如现在流行的箱庭疗法,就是让幼儿在沙的世界里,通过幼儿建构的箱庭作品充分地了解幼儿的内心世界。平时很内向的幼儿,可能在箱庭游戏中表现得很活跃,他可以不通过言语,而用玩具来表达自己的内心。在游戏中,幼儿的一些细小动作、面部表情、对玩具的使用都能够生动地反映幼儿的内心世界。

(三)亲子游戏

幼儿园可以采用家庭情境游戏的方法来促进亲子关系。具体方法如下。

首先,准备家庭情境游戏的材料、场地等实验用具。

每一家被安排在约 4 米×3 米的游戏观察室中,室内桌子上有沙箱与沙子,摆放着各种主题游戏的玩具(花草、水果、石头,动物、汽车、家具、人物、玩具通信用具、亭子和小桥等 200 多个)。除此以外,准备记录的纸笔、数码相机和摄像机等用具。

其次,准备父母共同养育行为的半结构联合访谈提纲。访谈提纲如下。

——你们养育孩子中有明确的分工吗?养育孩子中较大的困惑是什么?是否共同商议如何解决?解决的情况如何?

——你们的家庭经常组织活动吗?一般谁发起?孩子经常与谁在一起(谁带孩子)?做些什么(有什么问题)?

——你们夫妻是否有共同的养育目标?在孩子面前父母是能保持养育观点的一致性,还是各持自己的观点?谁与孩子比较亲?当第三方不在场时能尽量维护其威信与权威,还是随意评价?在孩子面前有争吵吗?

根据我们对家庭情境游戏进行的研究,父母与幼儿共同游戏可分为以下四种类型。

——父母在游戏中不动手,只由幼儿一人独自游戏。

——父母在游戏中讨论,不听取幼儿的意见。

——父母在游戏中完全听取幼儿的意见进行游戏,不发表自己的任何建议。

——父母很少与幼儿共同游戏,因此不知道如何进行游戏。

研究表明,不同类型的养育家庭带给幼儿不同的人格发展水平,父母合作型的共同养育家庭里的幼儿人格得到了最好的发展(邹萍,2007)。因此,父母要经常与幼儿共同游戏,在游戏中观察幼儿的行为,促进幼儿心理的健康成长。

三、游戏疗法

游戏疗法就是从幼儿最基本的活动入手,了解他们的心理状况,并对他们的心理困境进行早期干预和解决,让幼儿拥有一个健康的心理环境。研究表明,对情绪受困扰或社交技能不良的幼儿游戏疗法是积极有效的。现在已经被证实,游戏疗法在改善幼儿社交不良、调节认知情绪、改善阅读能力、提高智力、改善自我观念等方面都有显著效果。

(一)团体游戏治疗

团体游戏治疗(Group play therapy)是团体治疗(Group therapy)与游戏治疗的一种自然而有机的结合。著名团体游戏治疗学家兰德斯(Landreth,1991)认为:"所谓团体游戏治疗是指儿童与治疗师之间的一种动力性人际关系,游戏治疗师能提供精心选择的游戏素材,营造出安全的团体气氛,借由儿童自然的沟通媒介,实现其自身的完全表达和揭露自我(感情、观念、经验和行为)。"(刘勇,2004)在一个团体中所表现出来的关系,包括幼儿与幼儿之间的关系、幼儿与治疗师之间的关系。因此,在团体治疗中,幼儿有机会从同辈的反应中获得新的知识并进行自我评价。

团体游戏治疗的方法也很适用于幼儿园或学校针对幼儿的问题进行早期发现和干预。幼儿入园后,接触最多的就是教师和自己的小伙伴,因此,在幼儿园和学校进行团体游戏治疗对幼儿的心理健康发展是十分有用的。

(二)单独游戏治疗

有些时候,当成人发现自己的孩子有严重的行为障碍或情绪问题时;应该寻求专业的治疗机构,不能盲目地对幼儿定性或任其发展。在专业的医疗机构中,治疗者会根据幼儿的具体问题设计出合适的治疗方案。

例如,孤独症患儿,他们的核心症状就是社交障碍,游戏活动一般停留在单独游戏阶段,常常独自做一些别人很难理解的动作,他们对合作游戏缺乏兴趣,常拒绝参加集体游戏。他们缺乏想象力、创造力,不会在游戏中扮演角色(如自己是司机、妈妈);

第六章 放松身心：学前儿童游戏心理教育

不理解物体的象征性意义（如用板凳当汽车、用木棒当注射器等）；不会模仿其他儿童的活动（如上车要买票、给布娃娃打针时娃娃要哭等），只是自顾自地搞自己的一套。他们不知遵守游戏规则，常常随心所欲，不能跟大家很好地协调，因而常常不受其他儿童的欢迎。

用游戏疗法对孤独症患儿进行治疗已经受到了肯定并取得了很大的进展。但是，在运用游戏疗法的时候，由于孤独症患儿不能适应集体活动并常常被集体所排斥，不适合使用团体游戏疗法。因此，有必要寻求专业的医疗机构，根据患儿的情况设计出适合患儿的游戏治疗方案。

（三）音乐游戏疗法

音乐使我们感动，因为我们以音乐的方式活动——有节奏地、和谐地，按强度、重量和共鸣调整肢体动作。挪威音乐学家罗尔·布约克沃尔德(Jon-Roar Bjorkvold)提出，从我们运动的节奏可以估量我们从出生到老年的各个生命阶段的健康情况（苏琳译，2006）。音乐是感性的，一个不会做算术的小孩可能会欣赏音乐，如神童莫扎特，三岁就已经能够弹琴了。我们常常会看到幼儿话还没有说清楚的时候就已经能够跟随音乐左右摇摆，并能够唱出较为完整的歌曲。因此，大量研究表明，音乐对幼儿的心理健康发展有着极其重要的作用。

1. 音乐游戏疗法与自卑幼儿

欣欣是个刚从外地转学来的孩子，她的普通话讲得非常不好，因此，她很少在班级里开口。教师让她和小朋友们一起背儿歌，她也憋得脸通红。在一次班级排演的音乐剧《勇敢的小猴子》中，教师让欣欣扮演出场次数最多的小猴子。在表演中，很少使用说的形式而多数是唱的形式。欣欣在游戏中表现得非常好，她唱的歌曲赢得了大家的掌声，教师也赞许地叫她"勇敢的小猴子"。后来，欣欣逐步树立了在小朋友面前表演的信心，并成了一个人人夸奖的"小歌唱家"。

像欣欣这样的幼儿,由于自己说话的口音问题而不愿意多和小朋友交流,通过音乐,以唱歌的形式在小朋友面前表现了自己,找回了自信。

2. 音乐游戏疗法与幼儿社交

新生入园,对于教师和家长来说都无疑是一场"战争"。幼儿在入园初,表现出一系列对幼儿园的陌生感。小朋友之间都不认识,几乎没有办法共同游戏。于是,教师在班级里开展了"找朋友"的音乐游戏活动。小朋友围成一圈,唱着人人耳熟能详的"找朋友"歌曲,见面握手、拥抱,不一会儿,大家就都互相熟悉了。

有人说:"音乐是沟通世界的语言。"无论一个集体中有多少不同点,总能找到一首所有人都熟悉的歌曲或音乐。在这样一个环境中,可以促使幼儿增进彼此熟悉的感觉,从而促进幼儿间的交往。

3. 音乐游戏疗法与幼儿恐惧

玲玲小时候听姥姥讲过很多关于猫的灵异故事,因此她特别害怕猫。即使在图画书上看见猫,她也会紧张地赶紧翻页。为了缓解玲玲的这种状况,幼儿园教师特别设置了一个"小花猫"的音乐游戏。小朋友们戴上各种漂亮的头饰,随着音乐做出各种可爱的小花猫的动作。玲玲看着小朋友们的精彩表演,也想参与进去。由此,玲玲对猫的恐惧开始逐渐减少了。

幼儿伴随着美妙的音乐,在轻松的环境下很容易忘记自己的恐惧而逐步感受到事物的美好。教师可针对幼儿的恐惧问题创设一些音乐游戏,让幼儿逐步接近自己所害怕的角色,感受到自己所害怕角色的美好。

幼儿音乐游戏疗法适用的范围还很广泛,如在专业的医疗机构,还可以使用音乐游戏疗法来治疗幼儿的自闭症、创伤后应激障碍等,这些都取得了很好的效果。

德国音乐家奥尔夫指出:"在音乐教育中,音乐只是手段,育人才是目的。"许多心理学家表示,儿童能从音乐的学习中受益,音乐不仅可以陶冶儿童的情操,更可增强其学习能力,协助其掌握情绪表达技巧,处理无法以其他方式处理的心理方面的问题。

通过以上对游戏的发展以及几种游戏疗法的介绍,不知您是否从中获得了一些启示。当然,促进幼儿心理健康发展的方法还有很多,这里只简单介绍几种,只有充分地了解幼儿的发展特点,密切注意他们的发展状况,我们才能做一个好的指导者。

第七章 问题探索:学前儿童常见的行为问题探析

学前儿童由于生理、心理、认知、接受教养等多种因素的影响,会在个人的成长过程中出现各种各样的问题,如果这些问题不能得到及时的解决则有可能导致学前儿童产生各种心理问题,进而制约学前儿童的心理健康发展。无论是对于教师还是家长来说,关注学前儿童的心理健康,及时发现和干预学前儿童成长发展过程中的一些行为问题,了解行为文化产生的背后原因,并有针对性地给予学前儿童及时有效的帮助和引导,有助于引导学前儿童始终在正确的发展道路上健康成长,对于学前儿童未来个人的健康发展、家庭的发展,乃至整个社会的发展都具有非常重要的意义。

第一节 学前儿童行为问题的内涵

一、学前儿童行为问题的界定

(一)行为问题的概念

个体在生长发育的过程中,其生长发育的程度、是否健康成长发育受多种因素的影响,如生理、心理、社会环境、教养方式等,这些因素对个体的生长发育可能是积极的,也可能是消极的,一些消极影响可导致个体的心理障碍和心理疾病的产生，从而诱发个体一些外在的不正常的行为表现，即个人行为问题。

个人产生行为问题，会出现问题行为，"问题行为"指任何一种引起麻烦的行为（干扰他人发挥有效的作用），或者说行为所产生的麻烦。

一个人如果出现了行为问题，表现为不符合其生理和心智发展阶段的异常行为，一定是跟其心理因素有关，需要去接受专业的心理咨询和治疗，以尽早地消除它们给学前儿童带来的不良后果。

(二)学前儿童行为问题的概念

目前，学术界关于"学前儿童行为问题"的概念界定尚无统一的概念描述。一般来说，学前儿童的行为问题是指发生在学前时期的行为障碍或行为异常。

学前儿童行为问题主要是学前儿童在成长发育过程中，由于某种原因引起其生理机能失调、环境适应不良、心理障碍、心理冲突等，进而表现出不适当的行为。

学前儿童行为问题的产生与心理疾病、心理变态等不同，与普通儿童相比，有行为问题的儿童通常表现出某些不适当或不太正常的心理和行为，并非一种病态，但如果不及时科学干预和正确引导，就可能发展成为严重的心理问题和疾病。

孩子活泼单纯、天真可爱，同一个学前儿童在不同环境、关系中可表现出各种各样的丰富的动作和行为，很多家长对学前儿童百般呵护和爱抚，对于学前儿童产生的各种问题，都归结于"还是孩子"，因此，一些学前儿童的行为问题可能会被误认为是正常的，从而被忽视掉。

学前时期是个体社会化的初始阶段，是个性实际形成的奠基时期，这个阶段的发展对学前儿童一生的发展至关重要，良好的心理和行为或者是不好的心理和行为都会对儿童未来的成长有重要的影响，家长和教师应及时发现学前儿童的行为问题，适时、恰当地对其进行矫治，这对学前儿童的健康成长十分重要。

二、学前儿童行为问题的分类与表现

(一)学前儿童行为问题的分类

1.《中国精神疾病分类与诊断标准》分类

根据《中国精神疾病分类与诊断标准(第3版)》中对心理障碍的分类,可将学前儿童的行为问题分为以下几种。
(1)器质性精神障碍。
(2)精神活性物质或非成瘾物质所致精神障碍。
(3)精神分裂症和其他精神病性障碍。
(4)心境障碍(情感性精神障碍),如抑郁症、焦虑症。
(5)癔症、应激相关障碍。
(6)心理因素相关生理障碍,如神经性厌食。
(7)人格障碍、习惯与冲动控制障碍、性心理障碍。
(8)儿童少年心理或精神发育迟滞。
(9)儿童少年期的多动障碍、品行障碍、情绪障碍。
(10)其他精神障碍和心理卫生情况。[1]

2. 阿肯巴克分类

阿肯巴克(T. M. Achenbach)经过研究认为,可以将儿童的问题行为分为两个大类,具体如下。
(1)内隐问题行为,内在情绪引起的行为问题,不容易被观察到,具有内隐性,如焦虑、不安、抑郁、退缩等引起的行为。
(2)外显问题行为,表现的问题非常外现,容易被观察到,如攻击性、反抗性、反社会性、过度活动等行为。

---

[1] 郑春玲. 学前儿童心理健康教育[M]. 北京:中央广播电视大学出版社,2012.

3. 其他分类

我国一些学者通过对儿童进行研究,还提出了对儿童问题行为的具体表现分类,主要有如下几种。

(1)情绪情感问题:抑郁、焦虑、狂躁、冷漠等。

(2)精神问题:恐惧症、忧郁症、自闭症、多动症等。

(3)社会行为问题:攻击、破坏、说谎、逆反心理等。

(4)学习问题:注意力不集中、反应迟缓等。

(5)发展问题:睡眠障碍、排泄机能障碍、生长发育不良等。

(6)习惯问题:咬指甲、咬衣服、吮手指、晃头、皱额、眨眼、玩弄生殖器及饮食、排泄上的不良习惯等。

(二)学前儿童行为问题的表现

学前儿童行为问题可表现在多个方面,在学前儿童的成长发育过程中,需要教师和家长对儿童进行认真的观察,如此才能够更好地去了解学前儿童,去及早认识到学前儿童成长发育过程中遇到的各种问题,并及时实施教育引导与干预。

具体来说,学前儿童的行为问题主要表现在以下两个方面。

1. 行为表现

(1)行为不足

所谓行为不足,具体是指学前儿童的一些在该年龄阶段应该出现的问题没有出现或者很少出现。

学前儿童的成长发育具有其个人差异性,学前儿童的年龄相差几个月,可在认知、行为上发生很大的变化,因此学前儿童的一些行为发育缓慢常常被误认为是年龄小的缘故,很少会发现符合这一年龄阶段的具体的行为出现频率的多少,因为多数家长并非儿童行为和心理专家,育儿经验不足,所以针对学前儿童很少发生或不发生的大人所期望的年龄行为的产生多持有一种"孩子年龄小""再过几个月大一点就会好了"的思想,这会导致对一些学前儿童的行为不足问题的忽略。

(2)行为过度

所谓行为过度,具体是指学前儿童的一类行为发生的频率太高或持续的时间太长,反应过于激烈,这一行为较容易被发现,而且在学前儿童群体中出现的频率非常高,一般来说,主要表现为注意力不集中、干扰、多动等。

(3)行为不当

所谓行为不当,主要是指学前儿童在成长阶段中不应该出现的一些行为,这些行为不符合学前儿童这个年龄阶段的行为特点,例如,婴儿时期吸吮手指是正常的,但是学前儿童还经常吸吮手指则会被视为一种问题行为。

2. 心理表现

心理表现是一种因心理因素而外现的不符合个体年龄成长发育特征的外在行为表现,究其原因是因为问题行为个人的心理发展不成熟和不平衡。

(1)感知障碍。感觉和知觉的异常,如错觉、幻觉等。

(2)情感障碍。因心理问题引起的感情淡漠、恐惧等。

(3)言语和思维障碍。例如,缄默、言语刻板重复、口吃、思维内容贫乏。

(4)行为动作障碍。例如,紧张性木僵、强迫动作、退缩行为等。

(5)注意障碍。例如,注意涣散、过分注意。

(6)记忆障碍。例如,暂时性或永久性遗忘、虚构症。

(7)智力障碍。智力水平低于同龄人。

(8)意识障碍。不能正确评价。

三、学前儿童行为问题的矫治

个体的成长发育是受多种因素影响的,对于学前儿童来说,其处于成长发育的关键时期,对于学前儿童发生的各种行为问题应及早发现,并进行教育干预,以便能在学前儿童发生行为问题的初期就得到有效的矫治,进而将学前儿童引入一个正常的成长发育轨道上来,促进学前儿童的身心健康发展。

目前,常见的预防和矫治学前儿童行为问题的方法有如下几种。

(一)行为矫正法

针对学前儿童的行为矫正法的原理依据是学习原理,根据学习原理所阐述的个体的学习规律和特征,经过正确行为的反复学习和反复练习,可促进个体的行为动作的强化,并能进一步形成一种思维定式和动作定式与自动化,这就能有效促进学前儿童的正常行为的形成与建立,从而改变学前儿童的原有问题行为。

现阶段,行为矫正法在对学前儿童的行为问题教育过程中被广泛使用,尤其针对学前儿童的自闭症的矫正具有很好的效果。

(二)游戏矫治法

游戏矫治法是一种非常适合学前儿童行为问题矫正的方法,学前儿童受认知程度和范围的影响,游戏活动是最适合学前儿童身心发展规律和特点的活动,在游戏过程中,通过特定的游戏场地(游戏室、游戏角)、游戏内容、游戏开展程序等的设计,能够让学前儿童自发地、自然地将自己的心理感受和新问题表现出来,可促进学前幼儿的精神、生理方面的放松,从而提升儿童对自我的认知,故而游戏矫治法解决由学前儿童本身的情绪而导致的问题是非常有效的。

此外,游戏矫治法可采取个体参与或者集体参与的形式进行,在集体性的游戏中,通过特殊游戏参与,可以为问题行为的儿童创造出一种特殊的集体活动环境,故而游戏矫治法的集体活动对解决学前儿童由社会适应困难而引起的问题是非常有效的。

当前,游戏矫治法用来重点干预和纠正学前儿童的问题行为环境适应不良、攻击和反抗行为、焦虑、惧怕、智力低下、学习困难、情感调整障碍、自我意识异常、注意力问题等。

(三)家庭心理治疗法

家庭心理治疗法是一类以家庭为单位,通过会谈、行为作业等非言语性技术消除心理、病理现象,促进个体和家庭成员心理健康的心理治疗方法。家庭是学前儿童的重要成长环境,家庭氛围、亲子关系、其他家庭成员之间的关系等,都会影响儿童的心理健康发展,对于学前儿童的一些行为的产生原因进行分析,有很多儿童的行为问题的产生都是由于家庭相关因素引起的,所谓"解铃还须系铃人",家庭因素引起的家庭心理问题自然需要家庭心理治疗方法进行干预,事实证明,家庭心理矫治对于处理儿童的多动症效果显著。

(四)动物辅助治疗法

动物辅助治疗法是一种以动物为媒介的心理行为干预方法,具体操作行为是,通过安排具有问题行为的儿童与动物接触,使个体的身体状况得到改善,加强个体和外界环境的互动,使之能更好地适应社会。

具体来说,动物辅助治疗法常用于学前儿童的焦虑、智力落后、注意缺陷、脑瘫等行为问题的减轻和消除。

第二节 学前儿童几种常见的行为问题及应对策略

一、孤独症

(一)行为表现

孤独症是一种身心发展障碍性疾病,在学前儿童中较为广泛。目前,就国内外的研究和临床治疗情况来看,孤独症还没有

第七章 问题探索：学前儿童常见的行为问题探析

治愈的有效方法，但是，通过一些针对性的治疗，可以有效减轻孤独症的情况。

孤独症对儿童的身心健康发展的不利影响较大，应尽早发现、尽早干预，一般的，2—3岁时开始治疗，效果会比4岁以后开始要好得多。一些学前儿童会在5—6岁时才有明显孤独症症状，这一时期进行干预的难度要大很多，因此教师和家长应该关注和关心幼儿的成长发育情况，给予幼儿更多的关注与观察。

为了很好地预防和尽早治疗孤独症，教师和家长应该了解儿童孤独症的行为表现，以结合儿童行为进行有效判断。

儿童孤独症主要表现如下。

1. 智力方面

(1)大部分孤独症儿童都伴有智力障碍。
(2)个别患儿会在某一方面表现出"天赋"，如音乐、绘画、数字记忆等方面。

2. 言语方面

(1)言语发育落后于同龄人，严重者从婴儿期就不会咿呀学语，可终生缄默。
(2)不主动跟他人说话。
(3)别人跟他说话，他好像没听见。
(4)经常会自言自语，重复、模仿某些言语。
(5)说话声调、音量、节奏不正常。
(6)词汇少，不会使用人称代词。

3. 行为方面

(1)婴儿期时，一些患儿可表现出睡眠少，喜欢吵闹，但在婴儿车中推着走听音乐可安静；还有一些患儿喜静，整天躺着，不声不响。
(2)幼儿时期，患儿可表现出刻板的重复动作，如拍手、扭手指、转手臂、叫喊、撞头、记数字等。固执地使生活环境和方式保持原貌，否则就会苦恼，甚至撞头。

4. 社会交往方面

(1)婴儿期，吃奶时不会看着妈妈。

(2)对爸爸妈妈的呼喊、拥抱表现冷漠，被拥抱时，全身发软或僵硬，甚至拒绝拥抱、忽视父母的存在。

(3)到相应年龄，不会区分亲近的人和陌生人。

(4)喜欢独处，不太愿意与周围小朋友交往。

(5)不注意周围的情况，饿了或不舒服不会表达。

(6)有人注视时，会回避视线。

(二)行为干预对策

1. 亲近关系训练

对于患有孤独症的儿童来说，他们都很害怕见到陌生人，因此，在教育的初期，教师和家长应该与孩子建立彼此信任的关系，只有这样，才能让患儿有亲近他人的意愿。然后再进一步地开展有针对性的教育措施干预，具体操作如下。

(1)关心患儿，取得患儿的信任。让患儿感受到老师，意识到老师的存在对他们并没有任何的威胁。

(2)多用患儿喜欢、感兴趣的东西引起他们的注意，并尝试交流。

(3)要求患儿看着说话人的脸，多与他们对视。

(4)平时，多摸摸他们的脸，与他们主动说话。

这一时期，主要是为患儿放下心中芥蒂，为进一步接受他人的存在、主动与人说话奠定良好基础。

2. 交往训练

孤独症儿童在幼儿园的集体生活中，会形成与人交往的恶性循环,很难与同伴建立良好的关系。孤独症患儿不愿意说话,不愿意跟别人一起玩,交流有困难,其他小朋友在与孤独症儿童交流交往过程中得不到积极的回应,这会导致其他小朋友也不愿意理睬孤独症患儿。长此以往,孤独症患儿不能建立良好的同伴关系,就会变得更加孤僻,其他儿童则更加不愿意与之交往,如此就会构成一个恶性循环。

为结束和终止孤独症患儿的交往困难,教师应在促进患儿的交往中做到以下几点。

(1)多鼓励孤独症儿童参与到游戏。

(2)告诉小朋友,不爱说话的小朋友很想跟大家一起玩,没有玩伴会很孤独,大家应该多关心他们。

(3)孤独症患儿在理解游戏规则上面可能存在困难,教师在组织游戏前,应事先把游戏规则讲解清楚,如果规则较多,应逐条都解释清楚,以便幼儿能更好地融入游戏。

(4)平时,多为患儿创造一些合作性的游戏,而非竞争性的游戏。

(5)注重表扬,当患儿做得好时,尽量要在集体面前给予表扬,强化患儿的交往快乐体验。

3. 言语训练

针对孤独症患儿的语言困难,教师和家长应多给予开口机会,训练方法如下。

(1)训练孤独症患儿对发音的感觉,如教他们吹风车、吹小纸条、吹泡泡等。

(2)针对偶尔会说些简单字词的儿童,鼓励他们多说,多让他们说话和发言。

(3)如果患儿不情愿,可以先做示范,或用口型提示。

(4)如果患儿肯回答问题,应及时鼓励,夸他们做得好,增加他们说话的自信。

4. 行为矫正

行为矫正是采用强化和惩罚的方法改正孤独症儿童的一些行为，方法如下。

(1)针对患儿的大喊大叫、乱跑、想干什么就干什么，可以实施一些适当惩罚。例如，罚站几分钟，直到他们安静下来。

(2)当患儿不用督促能控制自己时，应立即给予表扬或奖励小玩具。

(3)在患儿想要玩特别想玩的玩具前进行训练，暂时不让他玩，等他表现好了以后再允许玩，并告诉他，是因为刚才他听老师的话了，遵守了纪律，老师才让他玩的。

(4)训练中，多注意与孤独症儿童的家长进行沟通、交流、合作。

二、多动症

(一)行为表现

注意缺陷多动障碍，又叫"轻微脑功能障碍"，俗称"多动症"，是儿童期比较突出的行为问题，多动症产生的原因和机理很复杂，是多种因素共同作用的结果，如遗传因素、脑损伤、代谢障碍、铅中毒以及不良的教育方式等。

多动症常在儿童 7 岁前出现，一般发生在 3 岁左右，通常男孩多于女孩。

多动症行为特征表现如下。

1. 活动过多

(1)动个不停，不能静坐，活动无目标。

(2)手脚总是动个不停，在不恰当的时间、地点、乱跑、乱跳。

(3)上课时，总是坐立不安、扭来扭去，干扰其他同学。

(4)游戏时,一会儿这样,一会儿那样,活力超常。
(5)难于遵守秩序和纪律。

2. 不能专心

(1)注意力不集中、易转移。
(2)做事有始无终。
(3)别人与他说话时,总是似听非听。
(4)记忆力差,总是忘记别人交代过的事情。

3. 冲动任性

(1)易发脾气,易兴奋激动,情绪易波动。
(2)有冲动行为和攻击行为,行为易变。
(3)想干什么就干什么,想清楚就去做,不计后果。
(4)别人说话或上课时经常插嘴。
(5)个性倔强,喜怒无常,不愿听从父母和教师的教导。
(6)残忍对待小动物。

4. 学习困难

(1)阅读、书写或计算有困难,颠倒笔画顺序。
(2)不能较长时间持续学习。

5. 协调性差

(1)动作笨拙,精细动作能力较差。
(2)动作缓慢,容易出错。

多动症和好动是不同的,为了避免误诊,可用如下方法区分:无论孩子活动多么过度,当不准许他活动时,能安静下来,是好动;活动过多,无注意障碍,是好动。

多动症是一种疾病,不会自然痊愈,教师和家长应给予儿童充分和必要的帮助、理解、细心照顾。

(二)行为干预对策

1. 合理饮食

有研究表明,儿童多动症与饮食营养关系密切,因此,可通过饮食调整来缓解多动症患儿的症状。

(1)让孩子好好吃早饭,饮食多样化。

(2)避免孩子挑食、偏食。

(3)少吃糖和含高蛋白的食物。

(4)多吃含锌、铁、铜、钙的食物。

(5)限制西红柿、苹果、橘子,及含调味品、防腐剂、水杨酸酯等的食品摄入。

2. 教育干预

(1)成人要对多动症患儿进行耐心的帮助和指导,多鼓励、多表扬,增强其自尊心和自信心。

(2)帮助多动症患儿养成良好的生活习惯,规律生活。

(3)鼓励多动症患儿多参加小组和集体活动,遵守行为规范,加强动作练习。

(4)为多动症患儿提供"调皮捣蛋"、发泄情绪的途径,指导或带领他们参与各种体育运动,消耗精力,并锻炼他们的动作协调能力。

(5)为多动症患儿安排学习时间,如每学习10分钟、20分钟后休息几分钟。学习环境应安静。

(6)上课时,尽量把多动症患儿安排到前排,减少分心机会。

(7)自我控制训练。通过简单的自我命令来指导多动症患儿的行为。

(8)当儿童表现良好、有进步时,要及时给予表扬或奖励,可以巩固他们做出正确行为的意识。

3. 药物治疗

使用药物,可以让多动症患儿得到情绪的平复和行为的安静。但是,必须说明的是,除非多动症患儿的行为达到很严重程度,否则不建议使用药物,药物会产生副作用,对儿童身心健康不利。

三、遗尿症

(一)行为表现

婴幼儿对自己的身体还没有很好的控制能力。但是如果四五岁以后,孩子仍然经常性的尿床(不自主地排尿),可考虑儿童患有遗尿症。通常男孩多于女孩。

遗尿症产生的原因是多样的,可能是单纯的没有养成良好的排尿习惯,也可能是白天太过劳累,也可能是生理疾病(如膀胱炎)或是精神紧张(如受到惊吓)而引起大脑皮层功能失调导致的。

遗尿症行为表现主要是尿床,多发生在夜间,因此遗尿症也成为夜尿症。

(二)行为干预对策

(1)消除儿童精神紧张因素,包括遗尿后的心理压力,帮助患儿建立克服遗尿症的信心。

(2)合理安排生活,避免白天过累,晚间控制饮水量。

(3)培养儿童良好的排尿习惯。

(4)生理疾病,及早治疗。

(5)可配合行为治疗、药物治疗。

四、性别认同障碍

儿童性别认同障碍,是对自我性别认知出现异常的现象,不能很好地认知男女差异。

造成性别认同障碍的原因很多。大致可分为先天因素和后天因素。先天因素,即生理上的问题,主要由体内异性激素分泌过多导致;患有三染色体(XXY)综合征的男孩常具有女性气质;患有肾上腺皮质增生的女孩可呈现假男性畸形。后天因素跟家庭环境密切相关。例如,更喜欢男孩的家庭生育女孩,更喜欢女孩的家庭生育男孩,父母将孩子当作异性抚养。又如,在孩子出现一些异性举动和行为时,父母觉得有意思,没有阻止反而表现出开心的样子,会导致孩子异性行为的强化。再如,家庭中缺少阳刚父亲和温柔母亲角色供孩子模仿。再如,父母一方与孩子关系过于亲密,孩子与同性别家长接触过少。

(一)行为表现

(1)喜欢穿异性的服装。
(2)喜欢与异性在一起玩耍,不喜欢和同性在一起。
(3)经常表现出异性的声音、姿态等。
(4)性别认知障碍,男孩在 2—3 岁以后仍然爱穿女孩的衣服。
(5)性别认知障碍女孩,动作粗野,喜欢打闹、玩枪、玩棒等男孩游戏,喜欢穿男装,不讲究穿着打扮。

这里需要特别指出的是,如果学前儿童只是偶尔做出异性的举动,穿异性的服装,则也不必太在意。

(二)行为干预对策

(1)从小培养学前儿童进行正确的性别角色认知。作为父母,切不可按自己的喜好来随意打扮孩子。

（2）强化孩子正确的行为，减少其错误的行为。

（3）让儿童感觉到一些异性行为问题的严重性，但态度不要粗暴。

（4）尽可能地改善孩子的环境和教育情况，如果父母长期在外，家中缺少同性模仿对象，可寻找亲友与孩子建立良好关系。

（5）多给孩子创造与同性别的孩子接触、玩耍的机会。

（6）对孩子的性别行为表现予以鼓励，如"你真勇敢，像个小男子汉"。

（7）由于生理解剖异常而致病，找专业医疗机构治疗。

（8）如果父母中有心理不健全者，则应同时进行矫治。

五、口　吃

口吃是指在说话时不由自主地在字音或字句上表现出不正确的停顿、延长和重复的现象，是一种常见的语言节律障碍。

造成口吃的原因包括生理因素和心理因素两大类，生理因素包括遗传和疾病。父母口吃，孩子有60%的可能性也患口吃；儿童患百日咳、流感、麻疹或大脑受伤功能受损容易口吃；孩子在语言发展期模仿有口吃的人可导致口吃；（受到惊吓）过度紧张和焦虑可导致口吃，口吃会加剧孩子心理紧张程度，口吃现象会更严重，成人教育上的失误，如训斥语言发展期的孩子语言不连贯、不流畅现象，可导致儿童过分注意自己说话，不敢说话、精神紧张而形成口吃。

（一）行为表现

（1）说话时有些字难以发出音、字音重复和语流阻滞。

（2）说话同时往往伴有挤眼、面部抽动、摇头、舞手和跺足等动作。

（3）幼儿语言发展期，表达不顺畅时遭到嘲笑会口吃严重，还会产生羞怯、焦虑、自卑，学习困难等新的问题。

(4)幼儿习惯用左手,即"左利手",如果成人非强迫其改用右手,可导致口吃加重。究其原因,大脑中控制语言、左手的两个神经中枢相近,不习惯的改手,可能会导致幼儿暂时扰乱语言神经中枢系统功能。

(二)行为干预对策

(1)消除孩子的紧张或焦虑感。不过分注意或议论孩子的口吃。

(2)孩子模仿口吃,要耐心讲解,让孩子自己改正。

(3)针对因缺乏自信而口吃的孩子,父母可以和孩子一起朗诵,帮助孩子建立语言自信。

(4)帮助孩子正确地发音、流利地表达。进行必要的语言训练,如发音练习、说话练习、朗读练习等。

(5)进行心理适应性训练,引导学前儿童在自然环境和其他情形中练习讲话,使儿童了解到讲话并不可怕,并能忍受他人对自己口吃的各种反应,利于矫治口吃。

六、胆 怯

(一)行为表现

(1)一见生人就哭。
(2)不敢自己去做事,处处需要大人陪着。
(3)到新环境中难以适应,有羞怯、胆小表现,甚至崩溃大哭。
(4)回避交流与沟通,眼神闪躲,不敢与人对视。
(5)在人前缄默不语,拒绝表达。

(二)行为干预对策

(1)关注事件情境,而非专注儿童的个性或其所有行为。不去关注和责怪儿童的个性弱点和行为结果,而是要参与到儿童的活动情境中去。

（2）给予儿童表达情感和需求的权利，鼓励儿童放松、勇敢充分表达。

（3）鼓励儿童参与那些可以增进其自信心的活动。

（4）帮助儿童熟悉可能出现的困境。

（5）对儿童做出的任何独立而自信的事件表示赞赏。

（6）鼓励儿童多与同伴接触、交往。

七、焦　虑

焦虑是儿童期较为常见的一种情绪问题，焦虑的原因包括遗传、素质、心理、社会因素等，如亲子关系不好、孩子遭受惊吓缺乏安全感而焦虑，父母突然分离会产生分离性焦虑等。

（一）行为表现

（1）烦躁不安、担心害怕。

（2）爱哭、无故生气。

（3）对外界事物过分敏感、多虑，缺乏自信心。

（4）伴有食欲不振、夜惊多梦、尿床、心悸、腹痛等生理症状。

（二）行为干预对策

（1）预防为主，注意亲子关系的养成，注意家庭教养方式，对孩子不溺爱、不体罚，向儿童传递爱的信息，为孩子营造一个健康、和睦、稳定的家庭生活环境。

（2）多为孩子创设户外活动和游戏的机会。

（3）创设良好的群体氛围，使学前儿童充分感受到同伴的友爱。

（4）家长配合，如当孩子最依恋的母亲不在身边时，父亲或其他家人就应承担起母亲的责任，多陪陪孩子。

八、恋　物

恋物是儿童对一个特殊物体的过度依恋，可能是一块已磨得发白的毯子，一个旧玩具熊，或一个破的洋娃娃。儿童做任何事情都需要有所依恋的物体在身边，或者在视线所及范围内。儿童依恋物品，是因为物品能给孩子安全感、舒适感，缓解孩子的紧张和焦虑情绪。

(一)行为表现

(1)每天入睡前必须抓着或抱着自己所喜欢的物品才能入睡。

(2)受到惊吓后即使在妈妈的怀抱里，也会哭闹不止，只有抓着或抱着替代物才能安静。

(二)行为干预对策

(1)培养其良好的生活和饮食习惯。

(2)消除可能引起学前儿童这一不良习惯的各种生理、心理因素。

(3)不要过分关注孩子的这一行为，否则容易导致孩子行为的强化。

(4)给孩子以安全感、信赖感，转移其注意力。

(5)关心、爱护儿童，满足儿童对父母依恋的适度要求。

(6)当儿童独立做某事时，给予及时的表扬。

(7)抓住儿童成长的重要时期，不失时机地劝导，纠正其不良习惯。

九、梦　魇

梦魇是指一种睡眠障碍。产生梦魇的原因可能是中枢神经系统发育不成熟、皮肤过敏、躯体疾病或疼痛等生理因素,也可能是精神压力大等心理因素导致。此外,环境中的噪声、空气污浊、闷热或寒冷等也可能是病因。

(一)行为表现

(1)做噩梦。
(2)因梦中紧张状态,大声哭喊,最终被惊醒。
(3)做梦惊醒后,表现出短暂的精神紧张、焦虑不安。
(4)梦醒后,能表述梦中片段,表达恐惧、焦虑的体验,可逐渐消除恐惧情绪,再度入睡。

(二)行为干预对策

(1)合理安排幼儿的生活作息制度,培养其良好的睡眠习惯。
(2)消除引起学前儿童精神紧张、焦虑不安的各种因素,减轻其压力和负担。
(3)如果儿童患有躯体方面的疾病,应及早进行治疗。
随病因消除和儿童年龄增长,多数儿童的梦魇会自行消失。

十、咬指甲

咬指甲是指经常不由自主地用牙齿去咬手指甲的行为。研究表明,学前儿童咬指甲的行为主要与其紧张的心理状态有关,多发生在学前儿童情绪紧张、焦虑不安的时候,如被训斥时。

(一)行为表现

(1)多发生在3岁以后。
(2)咬指甲行为严重者,会将十个手指的指甲都咬得很短,甚至会把甲床咬出血。
(3)除了咬手指甲,还会咬手指上的各个关节、袖子或其他物品。

(二)行为干预对策

(1)消除引起儿童心理紧张的因素。
(2)关心儿童,帮助他们摆脱紧张情绪。
(3)为儿童营造轻松、愉快的生活、学习、活动环境。
(4)培养学前儿童良好的卫生习惯,如勤剪指甲等。
(5)建立良好亲子关系。
(6)咬指甲严重者,可以采取行为治疗方法干预治疗。

十一、吮吸手指

吮吸手指是指将手指放入口中进行吮吸的习惯性行为。一般来说,婴儿期喂养不当或缺乏成人的爱抚和关心,尤其是缺乏母爱,会导致幼儿吸吮手指抑制饥饿、自我安慰、自娱自乐。

婴幼儿吸吮手指是一种正常现象,如果 2 岁以后吸吮手指行为仍存在,则考虑是否存在心理问题。

(一)行为表现

(1)经常性的不自觉的吮吸手指行为。
(2)因吸吮手指引起同伴的嘲笑,进而诱发儿童胆怯、紧张、自卑等心理。

(二)行为干预对策

(1)吮吸手指行为不太严重的儿童,父母可置之不理,不予关注。
(2)有吸吮手指习惯的儿童,当其不吮吸手指时,给予爱抚、表扬、赞赏。
(3)如果儿童紧张要吸吮手指,可以为其提供替代品,如小口哨。
(4)提高儿童对吮吸手指的自觉意识,如告诉孩子这样做不卫生,容易生病;或委婉地告诉孩子吮吸手指的样子不好看。

(5)切断特定情境与习惯动作之间的联系。观察儿童吸吮手指的频发时间、事件,遇到相似情景,及时给予孩子正确鼓励、诱导。

(6)培养儿童良好的生活习惯。

(7)为儿童安排充足的户外活动。

(8)增进亲子关系。

十二、说谎行为

说谎是指儿童说假话,儿童说假话可能是有意的,也可能是无意的。

就儿童生长发育客观规律来看,儿童想象力发展时期,无意想象占主要地位,有意想象才开始发展,容易把现实和想象相混淆,把想象的东西当作现实。再加上儿童记忆的准确性不高,可导致儿童会将一些听到或看到的事情当成真正发生过的事情存在。

(一)行为表现

(1)语言描述与过去所发生的事实不符。这种是因记忆或现象与现实混乱所导致的无意说谎。

(2)为了获得某种奖励、赢得老师或父母的赞赏、逃避惩罚等有意说谎。

(二)行为干预对策

(1)及时纠正。

(2)父母要以身作则,注意言行,不能间接教孩子说谎。

(3)有针对性地给孩子讲一些故事,让他们发表自己的看法,帮助其认识到说谎是一种不正确的行为。

(4)发现孩子有诚实表现,及时给予表扬和鼓励,强化诚实行为。

(5)不简单、粗暴地对待孩子的犯错。避免孩子因害怕惩罚而选择说谎。

十三、攻击行为

攻击性行为是指有意想伤害他人身体或心理的行为。学前儿童的攻击性行为多见于男孩。

儿童的攻击行为产生受多种因素影响。如家庭教育不当,家长过分溺爱孩子、教育孩子与人争执时"以牙还牙";儿童缺乏自我调节的能力或社会交往的经验,受挫时为保护自己避免受到伤害会先攻击他人宣泄情绪和保护自己;美国心理学家班杜拉研究表明,儿童的模仿能力极强,不能明辨是非,再加上好奇心强,会模仿电视中的攻击行为。受到挫折时,采取打人、踢人、咬人、扔东西、夺取别人东西等,发泄紧张情绪。

(一)行为表现

(1)对他人不友好,如看到好看的玩具与别人争抢,想独占,不愿分享。

(2)凡事爱占上风,稍不顺心,就大打出手。

(3)幼儿对他人进行身体上的攻击;大一点的孩子使用语言攻击,如谩骂、诋毁。

(二)行为干预对策

(1)尽早矫正。

(2)培养儿童良好道德行为。

(3)家长要以身作则,不要在孩子面前做出攻击行为。

(4)家长应优化家庭教育的方式,对孩子进行正确的引导和教育,不能简单和粗暴地对待孩子。

(5)幼儿园应建立良好、和谐的校园师生、生生人际关系。

(6)幼儿园应给幼儿创设良好、宽松的环境,不要使其因为无意间的拥挤和碰撞而引发冲突。

(7)体验教育,让孩子回忆摔倒时的疼痛感等来体验被攻击者的感受,从而减少这种侵犯行为。

(8)通过角色扮演或情境游戏,把有攻击行为的孩子置身于被攻击者的位置,让其体会攻击行为造成的不良体验。

(9)针对大一点的儿童,帮助其分辨是非,使其明白攻击性行为的错误性质,以及攻击行为可能带来的一些伤害,从而促进儿童自己克制攻击性行为。

(10)正确引导儿童行为规范,使儿童形成良好的同伴关系,获得亲社会行为。

(11)攻击性行为严重的儿童,考虑采取专业的心理治疗。

十四、退缩行为

退缩行为是个体所表现出来的一种社交行为障碍。

退缩行为的产生有多种原因,大部分研究者认为,儿童的社会退缩行为与遗传有一定的关系;凯根等人研究认为,学前儿童的退缩行为可能是因为个体的气质差异所引起的。此外,没有形成良好的亲子依恋关系也会导致儿童缺乏安全和自信而在与人交往中出现退缩行为。例如,家长总是批评、指责孩子,会导致孩子做事小心翼翼,缺乏自信,焦虑、紧张、畏缩。

(一)行为表现

(1)早期行为抑制,如胆小、谨慎。

(2)平时不爱活动,对新鲜事物不感兴趣,缺乏热情和好奇心。

(3)孤僻、害羞、冷漠、自私、任性、忧郁,宁愿自己玩,不愿与人交往。

(4)遇到陌生人赶紧躲避。

(5)过度依赖,缺少独立性,遇到事情喜欢退缩。

(6)缺少交往经验,社会技能差,被同伴忽视和孤立,更加拒绝参与同伴的活动。

(二)行为干预对策

(1)建立良好的亲子关系。

(2)鼓励、创造机会让孩子多与其他小朋友接触。

(3)放手让孩子自己管理自己,独立完成一些事情。

(4)通过多组织游戏活动,让孩子多说话、多动,并给予鼓励,满足幼儿情绪、情感表达和感受需要。

(5)家长做好榜样示范,鼓励孩子的积极模仿。

(6)邀请儿童熟悉的小朋友一起参与活动,逐渐消除儿童与他人交往时的紧张和焦虑。

(7)角色扮演,如家庭成员分配角色,表演节目。

(8)感统训练,通过综合性感统训练,促进儿童的身体和心理发育,引导和促进儿童主动探索环境、与人交往。

参考文献

[1]李晓巍.学前儿童发展与教育[M].上海:华东师范大学出版社,2018.

[2]李珊泽.学前儿童健康教育[M].北京:中央广播电视大学出版社,2014.

[3]彭小虎,王国峰,朱丹.儿童发展与教育心理学[M].上海:华东师范大学出版社,2014.

[4]方富熹,方格.儿童发展心理学[M].北京:人民教育出版社,2005.

[5]桑标.当代儿童发展心理学[M].上海:上海教育出版社,2003.

[6]郑雪等.幼儿心理健康教育[M].广州:暨南大学出版社,2006.

[7]付宏.学前儿童心理健康[M].南京:南京师范大学出版社,2002.

[8]陈帼眉,冯晓霞,庞丽娟.学前儿童发展心理学[M].北京:北京师范大学出版社,2012.

[9]吴荔红.学前儿童发展心理学[M].福州:福建人民出版社,2014.

[10]张莉.儿童发展心理学[M].武汉:华中师范大学出版社,2012.

[11]王保林,窦广采.幼儿心理学[M].郑州:郑州大学出版社,2012.

[12]刘慕霞.学前儿童发展心理学[M].长沙:湖南大学出版

社,2013.

[13]王坚.学前儿童心理健康教育[M].北京:北京师范大学出版社,2015.

[14]罗家英.学前儿童发展心理学(第2版)[M].北京:科学出版社,2011.

[15]姜广勇.学前儿童发展心理学[M].哈尔滨:哈尔滨工程大学出版社,2012.

[16]刘文.幼儿心理健康教育[M].北京:中国轻工业出版社,2008.

[17]郑春玲.学前儿童心理健康教育[M].北京:中央广播电视大学出版社,2012.

[18]王娟.学前儿童健康教育[M].上海:复旦大学出版社,2012.

[19]于淑云,黄友安.教师职业道德、心理健康和专业发展[M].北京:首都师范大学出版社,2007.

[20]芦苇.学前教育学[M].北京:中国人民大学出版社,2015.

[21]岳亚平.学前教育学[M].郑州:郑州大学出版社,2012.

[22]顾荣芳.学前儿童健康教育论(第3版)[M].苏州:江苏教育出版社,2009.

[23]杨丽珠,吴文菊.幼儿社会性发展与教育[M].大连:辽宁师范大学出版社,2000.

[24]徐旭荣.学前教育学[M].北京:人民邮电出版社,2015.

[25]刘光仁,游涛.学前教育学[M].长沙:湖南大学出版社,2012.

[26]郑健成.学前教育学(第2版)[M].上海:复旦大学出版社,2014.

[27]郑三元,张建国.学前教育学[M].长沙:湖南大学出版社,2015.

[28]朱宗顺.学前教育原理[M].北京:中央广播电视大学出版社,2011.

[29]魏建培.学前教育学(第二版)[M].北京:科学出版社,2012.

[30]张丽锦.儿童发展[M].西安:陕西师范大学出版总社有限公司,2016.

[31]于娜.学前儿童游戏指导[M].武汉:华中科技大学出版社,2015.

[32]霍习霞.学前儿童游戏[M].上海:华东师范大学出版社,2013.

[33]张泓,高月梅.幼儿心理学(修订版)[M].杭州:浙江教育出版社,2015.

[34]梁周全,尚玉芳.幼儿游戏与指导[M].北京:北京师范大学出版社,2011.

[35]董旭花.幼儿园游戏[M].北京:科学出版社,2009.

[36]葛东军.幼儿游戏设计与案例[M].保定:河北大学出版社,2012.

[37]雷湘竹.学前儿童游戏[M].上海:华东师范大学出版社,2012.

[38]刘立民.幼儿园游戏设计[M].大连:大连理工大学出版社,2012.

[39]张馨予.幼儿游戏活动的支持与引导[M].北京:中国轻工业出版社,2012.

[40]刘国磊.幼儿游戏与指导[M].长春:东北师范大学出版社,2014.

[41]何俊华,张燕.幼儿游戏新编[M].北京:中国轻工业出版社,2016.

[42]黄值.论高校和谐师生关系的构建[D].兰州:兰州大学,2010.